农业生态环境保护系列丛书

农业废弃物处理利用技术概要及典型模式

王久臣　宝　哲　王　飞　李少华　主编

中国农业出版社
北　京

编　委　会

主　编： 王久臣　宝　哲　王　飞　李少华

副主编： 霍剑波　常志州　居学海　孙仁华　习　斌　靳　拓　许丹丹　贺鹏程

参　编： 王亚静　朱志平　刘　勤　关婕葳　张　威　宋成军　张　扬　贠　超　刘国涛　石祖梁　薛颖昊　贾　涛　邢可霞　李欣欣　鲁天宇　徐志宇　张宏斌　陈宝雄　黄宏坤　李伟梵

前　　言

实施乡村振兴战略，一个重要任务就是推行绿色发展方式和生活方式，以绿色发展引领乡村振兴。农业绿色发展是现代农业发展的内在要求，是生态文明建设的重要组成部分。2019 年中央 1 号文件提出，推动农业农村绿色发展；发展生态循环农业，推进畜禽粪污、秸秆、农膜等农业废弃物资源化利用。2020 年中央 1 号文件再次提出，大力推进畜禽粪污资源化利用，基本完成大规模养殖场粪污治理设施建设；深入开展农药化肥减量行动，加强农膜治理，推进秸秆综合利用。

为贯彻落实中央有关农业绿色发展的要求，扎实推进农村生态文明建设，我们在全国范围内征集了农业废弃物处理利用典型模式。在全国各地上报的众多典型模式基础上，我们组织有关专家进一步进行整理、遴选，总结提出 5 类 38 种模式，组织编写了《农业废弃物处理利用技术概要及典型模式》一书，以促进成熟适用技术和模式在适宜地区广泛推广应用。

本书共分六大部分，第一部分对农业废弃物处理利用技术与现行政策进行简要概述，第二部分到第五部分为单一农业废弃物处理利用模式，分别为畜禽粪污处理利用典型模式、农作物秸秆处理利用典型模式、农田废旧地膜回收利用典型模式和病死畜禽处理典型模式，第六部分为农业废弃物综合处理利用典型模式。每种模式均从模式简介、模式流程、配套措施、推广应用情况以及适宜地区 5 个方面进行详细介绍。希望本书能够对从事生态循环农业、推动乡村生态振兴的管理人员和技术人员提供参考，并能够为有关企业、专业合作社、家庭农场以及广大农户开展农业废弃物处理利用提供帮助和指导。

本书在广泛征求相关专家、农业废弃物资源化利用一线工作人员意见的基础上，经过数次讨论和修改后定稿。由于专业知识水平和时间有限，书中难免存在疏漏与不当之处，有待今后进一步完善，敬请广大读者与同行批评指正，并提出宝贵建议，以便我们及时修订。

本书编委会

2020 年 11 月

前　言

目　　录

第一部分　农业废弃物处理利用技术概要及相关政策

农业废弃物是农业生产的“另一半”，是“放错了地方”的资源，用则利，弃则害。农业废弃物主要包括畜禽粪便、秸秆、废旧地膜和病死畜禽等，是物质和能量的载体，可以作为肥料、饲料、燃料以及其他工业化利用的重要原料。国家高度重视农业废弃物资源化利用，实施了一系列政策措施，大力推进以畜禽粪污资源化利用、秸秆处理、农膜回收等为重点的农业绿色发展行动，推广农业废弃物处理利用技术和成熟适用的运行模式。

一、畜禽粪污处理利用技术概要

（一）畜禽粪污主要排放方式

根据养殖规模的不同，畜禽粪污的处理及排放方式有所不同。传统农户小规模养殖的畜禽固体粪污大多以农家肥的形式直接或堆沤还田，或者用于生产沼气。随着畜禽养殖业向规模化、集约化的发展，专业化养殖的特点越来越明显，且养殖场均集中在人口密集的大城市近郊，导致养殖业逐渐与种植业分离。养殖户没有配套的耕地，畜禽粪便就不能当作肥料资源化利用；种植户也不再从事养殖业，农田化肥施用增多，畜禽粪便等农家肥的比重大幅度下降。

规模化养殖场的畜禽粪污主要包括固体粪便、尿液和生产中产生的废水等。养殖场的养殖过程中会采取不同的清粪方式，使得粪污的排放方式和类型有所不同。目前，国内常用的清粪方式分为干清粪、水冲粪和水泡粪 3 种工艺。干清粪是将干粪由人工或机械进行清扫收集，然后运送至存放地点或处理地点；水冲粪是使粪尿及污水混合进入漏缝地板下的粪沟，每天用水喷头放水冲洗，粪水顺粪沟流入粪便主干沟，最后汇入地下贮粪池或用泵抽吸到地上贮粪池；水泡粪是在粪沟中注入一定量的水，粪尿及污水混合进入漏缝地板下的粪沟中，贮存一定时间后再将粪水排出到贮粪池。养殖场的干粪如果收集、处理、贮存得当，可作为商品化的粪肥进行再利用，对环境的影响较小。粪水通过适当工艺干湿分离后，通过管道将液体输送至周边耕地，可作为灌溉用水，实现水肥化利用，但是如果处理不当或施用过量，容易对耕地及水体造成污染；如果不处理，污染物将直接释放至环境中，对周边土壤、水体造成污染。此外，畜禽养殖所产生的气味可污染空气，对附近的人畜造成潜在危害。

（二）畜禽粪污主要污染排放物

在畜禽养殖造成的污染中，畜禽粪尿是畜禽养殖场最主要的污染风险源。畜禽粪尿中除了生化耗氧量（BOD_5）、化学需氧量（COD）、总氮（TN）及总磷（TP）容易污染水体和土壤外，还包含多种污染物，如硫化氢、氨、醇类、酚类、酰胺类、胺类和吲哚等有机物，以及大量的病原菌、微生物等。此外，若养殖场管理不规范，场地消毒后的污水、畜禽饮用水、洗刷用具、羽毛、孵化残余物等，容易滋生蚊蝇，产生病虫害，从而污染周围环境。

（三）畜禽粪污处理利用主要技术

畜禽粪污不仅含有氮、磷、钾等多种营养元素，可作为作物生长的肥料，还含有大量的蛋白质、维生素等，经处理后可用作动物饲料。另外，畜禽粪污还含有大量的有机物，可经过厌氧发酵产生沼气。因此，畜禽粪污如果处理得当，不仅可减少环境污染，还能带来可观的经济效益和社会效益。畜禽粪污的处理方式因养殖场的规模不同而有所不同，中国畜禽粪污处理的方式可分为肥料化、饲料化、能源化等方式。

目前，我国已经出台了一些国家标准、行业标准及地方标准，对畜禽粪污处理提出了明确标准和要求。《畜禽粪便无害化处理技术规范》（NY/T 1168—2006），对规模化养殖场、养殖小区和畜禽粪便处理场中相关处理设施的选址、场区布局、处理技术、卫生学指标及污染物监测和污染防治的技术做了具体规定。《畜禽粪便还田技术规范》（GB/T 25246—2010），对经无害化处理后的畜禽粪便、堆肥以及以畜禽粪便为主要原料制成的各种肥料在农田中的安全使用做了具体规定；地方也出台了畜禽粪污处理技术相关标准，对辖区内猪场、鸡场、山羊场、奶牛场的粪污处理技术进行了规范。目前，畜禽粪污主要处理利用技术如下：

1. 好氧堆肥处理技术

畜禽粪污通过固液分离技术产生的固体，可用于制作堆肥，实现商品化利用。堆肥是指在微生物作用下通过高温发酵使有机物矿质化、腐殖化、无害化（杀死病原菌、虫卵、杂草种子等）而变成腐熟肥料的过程。在有机物被分解的过程中，不仅生成大量可被植物利用的有效态氮、磷、钾化合物，而且又合成构成土壤肥力重要活性物质的新的高分子有机物——腐殖质。目前，国内普遍采用条垛式、槽式或封闭仓堆肥等方式。在堆放过程中通过粪肥翻堆并结合通气可以加速降解过程，堆肥过程产生的高温会杀死部分病原体和杂草种子等，最后再经过造粒和袋装，形成商品化堆肥产品，便于远距离运输，实现异地利用，减少对养殖场周围环境的污染。因此，商业堆肥方法是配套耕地相对匮乏的规模化养殖场固体粪污处理的最合理方式。

（1）条垛式堆肥技术。条垛式堆肥技术是将畜禽粪便堆积成长条垛，采用人工或机械进行定期翻堆，实现堆体中的有氧状态，以保证粪便在好氧条件下进行分解的一种堆肥技术。条垛式堆肥技术的优势明显：所需设备少，运行简单，投资少，产品腐熟度高，稳定性好。同时，条垛式堆肥也存在许多缺点：发酵周期长，占地面积大，翻堆会造成臭气的扩散，受气候和周边环境的影响大等。

（2）槽式堆肥技术。槽式堆肥技术是按要求的水分含量和碳氮比，将畜禽粪便与辅料充分混合，然后将混合料堆放在阳光棚下的发酵槽内进行好氧发酵，发酵槽底部设有曝气管道进行充氧曝气，同时采用槽式翻抛机进行翻抛的一种堆肥技术。槽式堆肥技术具有温度及含氧量可控、稳定性好、不受气候影响、臭气易控等优势；槽式堆肥技术亦有投资高、操作复杂、占地面积大等缺点。

（3）封闭仓式堆肥技术。封闭仓式堆肥技术是指将畜禽粪便置于集进料、曝气、搅拌和出料于一体的密闭式反应器内，通过控制通风和水分条件进行好氧发酵使物料得到降解和转化的一种堆肥技术。封闭仓式堆肥技术具有占地面积小、自动化程度高、臭气易控、节能环保、不受气候影响、处理周期短等优势；但是，封闭仓式堆肥技术亦有不可忽视的缺点，例如投资、运行、维护费用高，短处理周期使得堆肥产品存在一定的不稳定性，单体处理量小、规模化有限等。

2. 厌氧发酵技术

厌氧发酵技术是指将畜禽液态粪便置于密闭的沼气池内，在厌氧条件下，被种类繁多的厌氧微生物（发酵性细菌、产氢产乙酸菌、耗氧产乙酸菌、食氢产甲烷菌、食乙酸产甲烷菌五大类）分解转化，最终生成沼气的技术。

厌氧发酵技术已发展为较为成熟的处理畜禽粪便的技术，其优势表现在：不仅不消耗能源，还能产生清洁沼气燃料；处理后的废液，氨、氮、磷的含量大幅降低；沼渣沼液可用作肥料还田。但厌氧发酵技术亦有工艺运行条件苛刻、技术控制点较多、投资及运行成本较高、需要专人维护等缺点，故沼气处理工艺在某些养殖场不再适宜实际需要。

3. 饲料化利用技术

畜禽粪便的营养成分不仅因畜禽日粮配方及饲喂管理方式的不同而不同，还随饲养动物的种类、年龄、动物的不同生长期、粪便收集系统、粪便的贮存形式及时间长短的不同而改变。目前畜禽粪便饲料化利用途径主要有直接用作饲料、用作青贮原料、干燥处理以及分解利用等。以鸡粪为例，由于鸡的肠道较短，饲料在鸡的肠胃中通过的时间也短，饲料中大部分营养物质没被吸收就排出体外。据测定，鸡粪中蛋白质含量为20％～30％，其氨基酸含量也不低于玉米等谷物饲料，鸡粪中还含有丰富的微量元素，故可将此类粪便代替部分精料来养牛、喂猪。另外，畜禽粪便与禾本科饲草一起混合青贮，可以增加青贮料的酸香气味，提高适口性；通过热效应和专业工程装备进行干燥处理，可制成高蛋白饲料；利用选育的种蝇、蚯蚓和蜗牛等低等动物分解畜禽粪便，直接生产动物蛋白，既能处理粪便，又能制作蛋白饲料，获得较好的生态效益和经济效益。

4. 氧化塘处理技术

氧化塘是一种天然的或经过一定人工修建的有机废水处理池塘，其处理污水的过程实质上是一个水体自净的过程，包括物理过程（如沉淀、凝聚等）、化学过程（如氧化、还原等）和生物过程（如好氧和厌氧微生物将大分子的有机物分解、氮磷被水生植物吸收利用等）。

（四）畜禽粪污处理利用典型模式

近年来，各地在畜禽粪污资源化利用方面开展了大量实践探索，畜禽粪污处理利用在产业化、高值化、种养循环以及高效专业运行方面形成了很多值得推广的经验做法。本书在全国各地上报的众多畜禽粪污处理利用模式基础上，进一步进行遴选整理，提出了适合不同类型区域、运行主体的操作性强、运行可持续的8个典型模式。

1. 家禽粪污产业化能源化生态循环利用模式

该模式构建了“健康养殖—畜禽废弃物集中处理—沼气高效制备—沼气发电＋沼气提纯—沼液资源利用—有机种植”生态循环链条。在全国各地配备一定土地规模的大中型养殖企业，均可推广应用。

2. 畜禽粪污全量收集全效还田利用模式

该模式以第三方社会化服务为载体，探索建立服务种植业与养殖业粪污处理农田回用的机制，对养殖场产生的畜禽粪污进行固液混合、全量收集，连接种植、养殖两端，全效还田，实现粪肥回田、养分循环利用。

3. 畜禽养殖密集区粪污集中处理综合利用模式

该模式以养殖密集区或以县（区）为单元，依托企业将粪污集中收集并处理，通过厌氧发酵生产沼气为周边提供清洁能源，将沼渣沼液开发成生态肥料，同步实现能源化和肥料化利用。

4. 畜禽粪污肥料化利用 PPP 模式

该模式是利用社会资本参与畜禽粪污“减量化、无害化、资源化、生态化”综合利用，通过公私合营（PPP）模式进行粪污综合利用。

5. 猪场粪污源头减量和沼液高值化利用模式

养猪场实行干清粪工艺，污水源头减量，固体粪便通过生物发酵处理加工成商品有机肥料，养殖污水和生活污水通过大型沼气工程进行厌氧发酵处理，产生的沼液深加工成为生态沼液肥（叶面肥）后再销售利用。

6. “猪—沼—菜”种养循环模式

通过厌氧发酵与高温堆肥技术，将养殖废弃物无害化处理，做成沼液和有机肥，全量回用于蔬菜种植，蔬菜种植产生的废菜叶等废弃物用于生猪养殖，实现废弃物多级处理并循环利用。

7. 养牛场粪污农牧循环综合利用模式

养牛场的粪便、污水通过粪污收集系统进行分类收集，固体粪便通过有机肥加工系统生产有机肥，污水通过沼气工程进行厌氧发酵，沼气用于发电及商品气出售，沼渣用于生产有机肥，沼液一部分通过水肥一体化用于农田灌溉施肥，一部分通过深度处理后，或回用，或达标排放。

8. 养牛场粪污干湿分离循环利用模式

养牛场粪污集中输送到集污池，经过搅拌后，再进行筛分，筛分出的固体牛粪经过发酵消毒后，作为奶牛的卧床垫料，循环利用，筛分后的牛粪水，由地下管道输送到后面的氧化塘内进行贮存，施肥季节进行农田施肥利用。

二、秸秆综合利用技术概要

我国农作物种类繁多，主要有小麦、水稻、玉米、豆类、薯类、棉花、花生、油菜、甘蔗以及其他杂粮作物。秸秆是农作物收获籽实后的剩余部分，是宝贵的生物质资源。随着我国农业生产水平的不断提高，粮食产量逐年递增，秸秆产生量也随之增加。至2015年我国秸秆资源总量已超过10亿吨，居世界秸秆总产量的20%～30%，其中小麦、水稻、玉米3类作物秸秆产量占秸秆总产量的80%左右。据农业农村部统计，截至目前，秸秆综合利用率已达86.7%，仍有部分秸秆被焚烧和废弃。

近年来，国家和地方实施了一系列重要举措，以提升秸秆综合利用水平，破解秸秆焚烧困境，围绕地膜使用、回收、加工再利用等环节，推广了一批关键技术和模式，如秸秆农用十大模式等。

（一）秸秆综合利用主要技术

1. 秸秆肥料化利用

农作物秸秆除富含糖类外，还含有氮、磷、钾及钙、镁、硅等植物生长必需的或有益的元素，秸秆肥料化利用，将秸秆归还农田，不仅可起到改良土壤、增加土壤固碳等作用，还可以弥补因作物生长养分吸收引起的土壤矿物质养分缺失，秸秆肥料化利用已成为秸秆资源化最重要的技术途径。主要包括秸秆覆盖还田技术、秸秆深翻还田技术、秸秆旋耕混埋还田技术、秸秆快速腐熟还田技术、秸秆生物反应堆技术、秸秆工厂化堆肥技术。

2. 秸秆饲料化利用

包括秸秆青（黄）贮技术、秸秆裹包微贮技术、秸秆碱化/氨化技术、秸秆压块（颗粒）饲料加工技术、秸秆揉搓丝块加工技术等。

3. 秸秆基料化利用

用秸秆作为主要原料，加工或制备产品主要为动物、植物及微生物生长提供良好条件，同时也能为动物、植物及微生物生长提供一定营养的有机固体物料。秸秆基料化利用包括：食用菌生产栽培基质、植物育苗与栽培基质、动物饲养过程中所使用的垫料、固体微生物制剂生产所用的吸附物料及逆境环境条件下用于阻断障碍因子或保水、保肥等功能的秸秆物料。目前，秸秆基料化利用主要用于食用菌栽培与植物栽培。

4. 秸秆能源化利用

农作物秸秆纤维中的碳占绝大部分，主要粮食作物小麦、玉米等秸秆中碳的含量占40%以上，其次为钾、硅、氮、钙、镁、磷、硫等元素，秸秆中的碳使秸秆具有燃料价值。主要包括：规模化秸秆沼气工程技术、秸秆固体成型燃料及供热技术、秸秆气化技术、秸秆热解炭化（炭气油多联产）技术、秸秆直接燃烧发电技术、秸秆制取生物乙醇技术。

5. 秸秆原料化利用

由于秸秆和木材的化学组分较为近似，尤其是某些秸秆如麦秸的抗张力（55兆帕）明显优于杨木（50兆帕）等木材，所以秸秆可替代木材作为工业加工的原材料。主要包括：秸秆人造板材生产技术、秸秆复合材料生产技术、秸秆清洁制浆技术。

（二）秸秆综合利用典型模式

1. 东北玉米秸秆全量深翻还田典型模式

基于东北地区玉米生产所处的气候与生态条件，以“深翻还田”为核心，配套农机农艺融合技术，实施全程机械化的玉米秸秆全量直接还田技术模式。

2. 稻麦轮作区稻麦秸秆机械粉碎全量还田利用模式

用加装秸秆切碎抛撒装置的收割机将水稻、小麦等农作物秸秆就地粉碎，并翻耕入土，使之腐烂分解。经过一段时间的腐解作用，秸秆可转化为土壤有机质和速效养分，既可改善土壤理化性状、供应一定的养分，又可促进农业节水、节成本、增产、增效。

3. 利用农作物秸秆工厂化生产优质食用菌模式

该模式是利用玉米秸秆工厂化、集约化栽培食用菌的一项资源循环利用模式，以60%玉米秸秆为主料，添加40%木屑，通过装袋、灭菌、发酵、接菌培养等过程产出木耳，木耳袋废料可作为有机肥原料循环用于农业生产。

4. 尾菜饲料化种养循环利用模式

该模式以“减量化、资源化、再循环”为原则，针对蔬菜生产与流通环节所产生的尾菜，将其经过乳酸菌的厌氧发酵作用制作为青贮饲料，用制作的青贮饲料饲喂畜禽，产生的畜禽粪便经过发酵腐解后制成有机肥料还田，实现废弃物种养循环利用。

5. 棉秆膨化发酵饲料综合利用模式

利用棉秆粉碎分离机与棉秆皮、棉秆芯分离机专利设备，分离出棉秆皮、棉秆芯、碎屑、杂质；将棉秆皮、棉秆芯利用物理提纯，得到棉秆纤维，用于工业造纸；棉秆皮、棉秆芯未分离的碎屑经过高温高压技术及脱毒膨化技术处理，得到优质的棉秆膨化饲料。

6. 秸秆清洁制浆造纸及生产黄腐酸肥料循环利用模式

从小麦、玉米、水稻等农作物秸秆中分离出黄腐酸和纤维素，黄腐酸用于生产系列高端肥料返还农田，纤维素用于生产系列高档本色纸制品或乙醇，该模式将秸秆资源“肥料化”与“原料化”组合利用，实现秸秆资源利用的高值化。

7. 区域秸秆利用整县推进模式

该模式以秸秆机械化还田等肥料化利用和秸秆作为燃料等能源化利用为主导，以秸秆基料化、原料化和饲料化利用为辅助，即以秸秆“两主三辅”利用技术为总体方案，配套相关政策与运行机制，整体推进秸秆全量处理利用工作。

三、农田废旧地膜回收利用技术概要

地膜是农业生产的重要物质资料之一，地膜覆盖已广泛应用到全国，尤其是在北方干旱、半干旱地区和南方的高山冷凉地区，且地膜使用量量大面广。地膜覆盖的增温保墒、抑制杂草等功能，使我国蔬菜、玉米、花生、棉花等农作物产量大幅度提高，为保障食物安全供给做出了重大贡献。但是，普通地膜以聚乙烯为原料，其在自然条件下很难降解。

随着地膜投入量和使用年限的不断增加，大量地膜残留于土壤中，破坏土壤结构，导致耕地质量下降、作物减产以及农事操作受阻，且此状态呈现逐渐加重的态势。近年来，国家高度重视农田地膜污染防治工作，着力在地膜回收资源化利用方面下功夫，围绕地膜使用、回收、加工再利用等环节，推广了一批关键技术和模式。

（一）地膜回收利用主要技术

1. 残膜机械化回收技术

为进一步提高回收效率，在规模化、集约化程度高的地区广泛推广残膜机械化回收技术，通过使用残膜回收机针对不同作物、在不同时期开展残膜回收。据不完全统计，我国研制的残膜回收机机型已达百余种，有单项作业和联合作业两种形式，按照农艺要求及作业时段可分为苗期残膜回收机械、秋后残膜回收机械、播前残膜回收机械等。苗期残膜回收机械在玉米、棉花等作物头水前揭去地膜时应用，适用于灌溉条件较好的地区。一般采用人机结合的方式回收，机具作业时候必须对准行，不伤苗。

秋后收膜是在作物收获后、耕地前进行，主要回收当年铺设的地膜。该时期进行残膜回收不会对农作物收获和产品质量造成影响，是目前较为广泛使用的残膜机械化回收方式。秋后回收机具常与秸秆粉碎、灭茬、耕地作业机械结合形成复式联合作业机。收膜工艺一般是先将农作物秸秆粉碎后抛撒到机具后方或侧方，为后续收膜创造好的作业环境，然后进行膜边松土、用起膜铲将地表残膜铲起、用挑膜齿挑起残膜，最后用脱（卸）膜机将被挑起的残膜卸下并送入集膜装置。

播前地表残膜回收则是指在作物收获后、耕地前将田间的残膜收起。由于地膜在农田经过了一个作物生长季，存在不同程度的破损，以及地膜与土壤紧密粘连等，农作物秸秆尚存于农田中，回收难度较大，但其优势是此时回收不会影响农作物，播前残膜回收机具通常和整地机联合作业。整地过程中，弹齿或钉齿能够把地表浅层的残膜带出，利于收膜作业。播前残膜回收机械具有结构简单、作业幅度较大、工作效率高等优势，在北方地区应用广泛。

2. 适期揭膜技术

适期揭膜技术是根据作物种类和区域条件，形成合理的揭膜时间和揭膜方式，在地膜完成其功能且未老化破损前进行揭膜回收，提高地膜回收率的技术。目前，华北和新疆等地广泛推广棉花、玉米头水前揭膜，头水前地膜韧性好，利于回收，新疆伊犁哈萨克自治州新源县等地的地膜回收率可达到90%以上。新疆农业农村部门专门印发了《关于开展农作物头水前揭膜工作的通知》，对玉米和沟灌棉花田头水前揭膜时间、方式、处置等进行了明确量化要求。

3. 废旧地膜加工再利用技术

废旧地膜加工再利用是塑料产业中资源循环利用的重要组成部分，采取合理措施和工艺，使得废旧地膜经过加工处理形成再生资源，并再深加工成产品，完全符合循环经济理念。目前，废旧地膜主要被加工成再生塑料的原料，根据废旧地膜杂质含量差异，含杂较少的废旧地膜再生料主要用于生产管材、市政园林塑材和其他塑料制品填充母料，含有较多秸秆的可通过粉碎压缩作燃料化处理。

（二）地膜回收利用典型模式

近年来，各地尤其是西北干旱地区基于地膜回收关键技术，加大了对地膜高效回收及资源化利用的工作力度，大力实施残膜回收补贴项目，着力解决农田残膜污染问题，在技术集成和运行管理上形成了一些经验做法和模式。本书在全国各地上报的众多模式基础上，进一步进行遴选整理，提出了比较典型的4类模式。

1. 玉米适期揭膜与残膜再生利用模式

选择0.01毫米以上厚度优质地膜，以一膜双行方式铺设，覆膜作物浇过头水完成蹲苗后，采取苗期人工一次性揭膜，残膜打捆后交售到废旧地膜加工厂，生产再生颗粒。

2. 农田残膜机械回收与加工成品模式

建立龙头企业加工利用、回收网点积极收集、广大农户捡拾交售的废旧农膜回收利用市场化运作体系。通过调整种植结构推进地膜减量化，并积极推广标准化地膜；建立完善的回收网络，通过机械化和人工联合捡拾方式回收；企业利用残膜加工成的再生颗粒生产滴灌管材等农用塑料产品，通过销售农用塑料产品保证企业利润，带动前端残膜的有效回收。

3. 农田废旧地膜磨粉深加工技术模式

将回收的混杂有泥土、作物根茎的废旧地膜用地膜粉碎机直接打磨成地膜粉，装包后，销售给废旧地膜深加工企业，通过高温熔解、配料铸型，生产出适宜在市政工程中供水、供暖等使用的复合型井盖、井圈等深加工产品。

4. 废旧农膜回收利用“6+3”运行管理模式

强化6项措施，即发挥政策扶持效应、健全回收加工网络、坚持人机结合整治、推行农膜“以旧换新”、强化源头有效治理和加强目标责任考核，健全3个机制，即建立专用票据运作机制、收购补贴监督机制和回收兑付管理机制。

四、病死畜禽处理利用技术概要

根据资料，我国每年因各类疾病引起的猪死亡率为8%～12%，牛死亡率为2%～5%，羊死亡率为7%～9%，家禽死亡率为12%～20%，其他家畜死亡率在2%以上。病死畜禽携带病原体，若未经无害化处理便任意处置，不仅会造成严重的环境污染，还可能引起重大动物疫情，危害畜牧生产安全，甚至引发严重的公共卫生事件。病死畜禽无害化处理是重大动物疫情防控的关键环节，对促进畜牧业健康绿色发展、保障畜产品质量安全具有重要意义。

（一）病死畜禽无害化处理主要技术

病死畜禽的无害化处理要严格按照《病死及死因不明动物处置办法》《病害动物和病害动物产品生物安全处理规程》（GB 16548—2006）进行操作。

1. 掩埋法

通过掩埋将病死畜禽尸体及产品等相关物品进行处理，利用土壤的自净作用使其无害化，是一种常用、可靠、简便易行的方法。操作过程包括装运、掩埋点的选址、坑体挖掘、掩埋等。

2. 焚烧法

将病死畜禽堆放在足够的燃料物上或放在焚烧炉中，确保获得最大的燃烧火焰，在最短时间内实现畜禽尸体完全燃烧炭化，达到无害化的目的，并尽量减少新的污染物质产生，避免造成二次污染。工艺流程主要包括焚烧、排放物（烟气、粉尘）处理、污水处理等。焚烧可采用的方法为：柴堆火化及使用焚化炉、焚烧窖、焚烧坑等。

3. 堆肥法

将病死畜禽置于堆肥内部，通过微生物的代谢过程降解动物尸体，并利用降解过程中产生的高温杀灭病原微生物，最终达到减量化、无害化、稳定化的处理目的。目前，动物尸体堆肥主要采取静态堆肥或发酵仓堆肥。

4. 化尸窖法

按照《畜禽养殖业污染防治技术规范》（HJ/T 81—2001）要求，地面挖坑后，采用砖和混凝土结构施工建设的密封池就是化尸窖，通过一定容积的化尸窖沉积动物的尸体，让其自然腐烂降解的方法即为化尸窖法。此方法适用于养殖场（小区）、镇村集中处理场所等对批量畜禽尸体的无害化处理。

5. 化制法

将病死动物尸体投入水解反应罐中，在高温、高压条件作用下，将病死动物尸体消解转化为无菌水溶液（以氨基酸为主）的干物质骨渣，同时将所有病原微生物彻底杀灭。

6. 生物降解法

在高温化制的基础上，采用辅料对产生的油脂进行吸附处理，可消除高温化制后产生的油脂，彻底解决高温化制后产生油脂烦琐处理过程带来的处理成本增加的难题，可达到很好的减量化目标。

（二）病死畜禽处理利用典型模式

1. “畜禽公司＋农户”病死畜禽集约化处理模式

建设区域病死畜禽无害化处理中心，通过收集、运输，集中处理来自半径25千米区域内的所有规模或农户养殖场的病死畜禽，形成一个分散收集、集中无害化处理的系统，该系统将病死畜禽进行高温生物降解，实现无害化，处理产物由具备有机肥生产资质的公司统一回收，加工成生物有机肥料，最终归还农田。

2. 病死动物无害化处理“六步法”管理运营模式

通过建成覆盖行政区域的收集处理体系，在开展无害化处理监管工作过程中，探索创设了“六步法”工作流程，即“户申报、站受理、镇集中、场处理、所监管、市补助”模式，实现了对病死猪无害化处理全链条的有效运作和规范监管。

3. 病死畜禽处理与粪污产沼气组合联动模式

该模式用畜禽粪便厌氧发酵所产沼气作为能源，通过沼气锅炉产生蒸气，高温化制病死畜禽，对病死动物进行无害化处理，烘干病死畜禽的余热可用于厌氧发酵罐加温，高温化制过程产生的有机废水进入厌氧发酵罐作为产沼气原料，沼渣、沼液农田回收利用，实现废弃物无害化处理与资源梯级利用。

4. 病死动物“湿化化制＋生物转化利用”模式

将收集来的死亡动物及其动物产品自动投入处理设备进行分割（大小为10厘米左右），然后自动进入高温灭菌容器（高温达到140℃以上、3.8～4.2个标准大气压*，灭菌蒸煮1.5小时，保温2.5小时），再通过精细粉碎后呈糊状（颗粒不超过3毫米），经处理好的有机质含水量在90%左右，通过加入配方辅料混合成为含水量为75%左右的蝇蛆培养基，经4天蝇蛆工程生物分解、消纳、转化，最终收获活性蝇蛆，剩余物制成有机肥。

5. 病死生猪“统一收集＋保险联动＋集中处理”运行管理模式

病死生猪由保险公司和无害化处理中心统一勘查、统一收集、统一处理，由无害化处理中心处理，凭证实施赔付，保障了病死猪处理率100%；处理中心采用高温炭化、除烟除臭新技术，整个收集处理过程实行网上智慧监管，形成了养殖户、保险公司、处理中心、监管部门环环相扣，高效运行的病死猪无害化收集处理模式。

6. 全畜种病死动物及其产品“统一收集、集中处理”模式

该模式是以片区为单元的收集体系与县或区病死动物处理中心所构成的病死动物及其产品无害化集中处理体系。通过在片区内配套建设片区集中收集点，配备专用全封闭冷藏收集车、全程监控设备以及集中处理中心，形成了全域各环节全覆盖的收集处理体系和监管体系，实现统一收集和集中处理。其产出品全部为工业原料和有机肥原料，实现资源再利用。

7. 生猪养殖保险联动病死猪集中处理运行模式

将生猪政策性养殖保险理赔挂钩病死猪无害化处理，保险联动集中收集后，对病死猪实行了全覆盖集中无害化处理，做到了“随报、随查、随收、随处理”，基本实现了“保险零盲区、死尸零流失、病原零扩散、环境零污染、监管零缝隙”，形成了“以防促保、以保助防、防保联动、政企联合、多方共赢”的长效机制。

五、农业废弃物综合利用技术概要

目前，比较普遍的农业废弃物综合利用方式为：综合处理、多级循环利用的模

---

* 标准大气压为非法定计量单位，1标准大气压＝101.325千帕。——编者注

式。通过对畜禽粪污、秸秆、病死畜禽等有机废弃物统一收集，基于肥料化、能源化、基料化等方式，利用混合堆肥、厌氧发酵等技术手段，使有机废弃物生产成有机肥料回用农田，或将其制备成其他生产资料等，实现区域种养结合、废弃物多元、多级循环利用。

本书主要介绍了“畜—沼—棚—菜”种养结合模式，寒地规模化养猪场种养结合循环利用模式，“稻秸微贮养羊—羊粪制肥还田”的双链模式，有机废弃物多能源联供综合利用模式，农业废弃物制沼、制肥片区处理利用模式，多种有机废弃物混合发酵制沼制肥循环利用模式，秸秆畜禽粪便基料利用的“C＋P＋C”模式，秸秆消纳养殖粪污及资源化模式，秸秆与养殖场废弃物干湿结合制沼、制肥多级利用模式，农业废弃物肥料化利用“公司＋合作社＋农户”运营模式，“秸秆—饲料—燃料”多级循环利用模式，棉秸生物转化饲料与制肥产业化利用模式。

六、现行有关政策

党的十九大提出实施乡村振兴战略，印发了《中共中央　国务院关于实施乡村振兴战略的意见》，其中明确指出，加强农业面源污染防治，开展农业绿色发展行动，实现投入品减量化、生产清洁化、废弃物资源化、产业模式生态化。推进有机肥替代化肥、畜禽粪污处理、农作物秸秆综合利用、废弃农膜回收、病虫害绿色防控。

为推进农业废弃物资源化利用，农业农村部等部委相继出台政策文件。2015 年，农业部印发《关于打好农业面源污染防治攻坚战的实施意见》，提出了“一控两减三基本”工作目标，到 2020 年，实现畜禽粪便、秸秆、农膜基本资源化利用，确保规模畜禽养殖场小区配套建设废弃物处理设施比例达 75％以上，秸秆综合利用率达 85％以上，农膜回收率达 80％以上。

2017 年 5 月，国务院办公厅印发了《关于加快推进畜禽养殖废弃物资源化利用的意见》，要求各地区统筹兼顾，按照政府引导、市场运作、因地制宜、多元利用、属地管理、落实责任的原则有序推进畜牧业转型升级和绿色发展，明确了环评制度、监管制度、属地管理责任制度、规模化养殖场主体责任制度、绩效评价考核制度和种养业循环发展机制。提出到 2020 年全国畜禽粪污综合利用率达到 75％以上，规模养殖场粪污处理设施装备配套率达到 95％以上，大型规模养殖场粪污处理设施装备配套率提前一年达到 100％；要求组织开展畜禽粪污资源化利用先进工艺、技术和装备研发，制定、修订相关标准以提高资源转化利用效率。

2017 年 9 月，中共中央办公厅、国务院办公厅印发了《关于创新体制机制推进农业绿色发展的意见》，提出工作目标和有关制度。到 2020 年，秸秆综合利用率达到 85％，养殖废弃物综合利用率达到 75％，农膜回收率达到 80％。到 2030 年，农业废弃物全面实现资源化利用。完善秸秆和畜禽粪污等资源化利用制度。严格依法落实秸秆禁烧制度，整县推进秸秆全量化综合利用，优先开展就地还田。推进秸秆发电并网运行和全额保障性收购，开展秸秆高值化、产业化利用，落实好沼气、秸秆等可再生能源电价政策。开展尾菜、农产品加工副产物资源化利用。以沼气和生物天然气为主要处理方向，以农用有机肥和农村能源为主要利用方向，强化畜禽粪污资源化利用，依法落实规模养殖环境评价准入制度，明确地方政府属地责任和规模养殖场主体责任。依据土地利用规划，积极保障秸秆和畜禽粪污资源化利用用地。健全病死畜禽无害化处理体系，引导病死畜禽集中处理。完善废旧地膜和包装废弃物等回收处理制度。加快出台新的地膜标准，依法强制生产、销售和使用符合标准的加厚地膜，以县为单位开展地膜使用全回收、消除土壤残留等试验试点。建立农药包装废弃物等回收和集中处理体系，落实使用者妥善收集、生产者和经营者回收处理的责任。

2017年以来，农业农村部启动实施农膜回收行动和东北地区秸秆处理行动。在东北地区71个玉米主产县开展秸秆综合利用试点，推动出台秸秆还田、收储运、加工利用等补贴政策，探索可复制、可推广的综合利用模式。实施农膜回收行动，在甘肃、新疆、内蒙古等地区建设了100个农膜污染治理示范县，推进机械化捡拾、专业化回收、资源化利用，并在新疆、甘肃的4个县试点“谁生产、谁回收”的地膜生产者责任延伸制度。2019年6月26日，农业农村部、国家发展改革委、工业和信息化部、财政部、生态环境部、国家市场监督管理总局联合印发了《关于加快推进农用地膜污染防治的意见》，提出要以回收利用、减量使用传统地膜和推广应用安全可控替代产品等为主的治理方式，不断健全制度体系，强化责任落实，完善扶持政策，严格执法监管，加强科技支撑，全面推进地膜污染治理。2020年7月3日，农业农村部与工业和信息化部、生态环境部、市场监管总局以联合部长令形式发布《农用薄膜管理办法》，自2020年9月1日起施行。《农用薄膜管理办法》明确了农膜生产、回收、再利用等各环节的监管责任，明确了地膜回收利用各主体的责任、监管机制和奖惩办法，是我国首部关于农膜管理的部门规章。

第二部分　畜禽粪污处理利用典型模式

一、家禽粪污产业化能源化生态循环利用模式

（一）模式简介

以家禽粪污产业化能源化利用为纽带，实现污染治理、节能减排、循环经济发展等多重目标，构建了“健康养殖—畜禽废弃物集中处理—沼气高效制备—沼气发电＋沼气提纯—沼液资源利用—有机种植”生态循环链条。该模式以山东民和牧业股份有限公司为代表。

（二）模式流程

1. 模式流程（图 2－1）

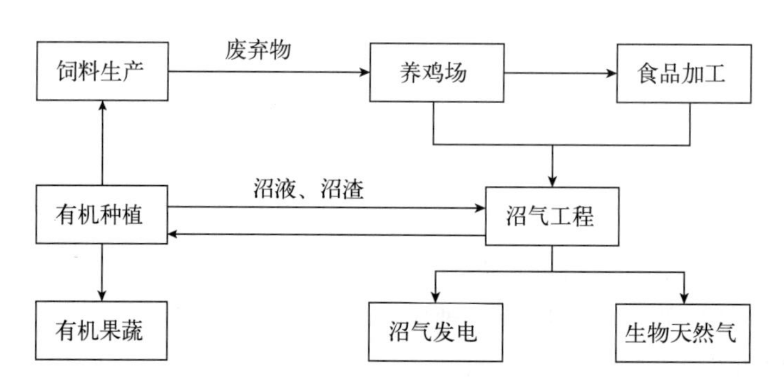

图 2－1　家禽粪污产业化能源化生态循环利用模式流程

2. 模式实景（图 2－2）

（三）配套措施

1. 技术体系

通过实施粪污沼气发电项目，采用“原料分散收集—集中沼气处理—沼气发电—沼肥分散消纳”的农业废弃物处理过程，在实现畜禽废弃物再利用的同时，推进公司规模化清洁养殖生产体系稳定运行，同时形成了以沼气为纽带的“热、电、肥、温室气体”减排四联产，已实现全年 365 天稳定运行 5 年。

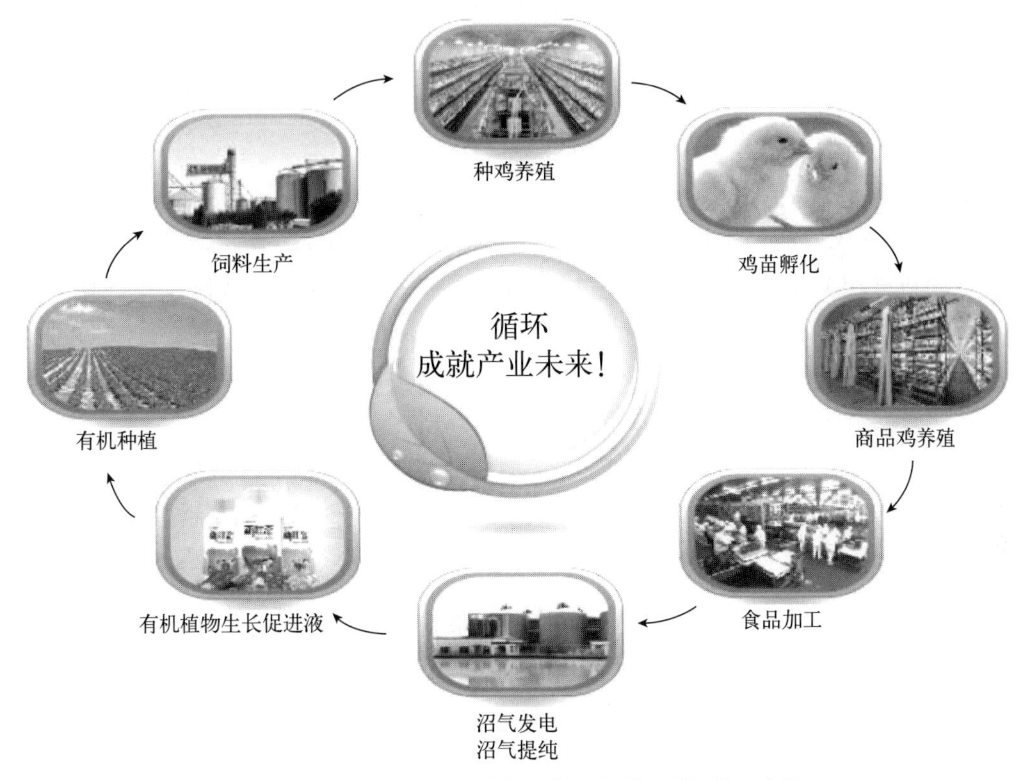

图 2-2 家禽粪污产业化能源化生态循环利用模式实景

通过收集公司周边三个区域 28 个分散的养鸡场鸡粪，进行集中处理，日处理鸡粪 500 吨、污水 300 吨，日产沼气 3 万米^3，日发电并网 6 万千瓦时，年并网发电 2 300多万千瓦时，并成功地申请纳入 CDM（清洁发展机制）项目范围，实现污染物的零排放和温室气体减排，年减排 CO_2 8 万多吨，年获 600 万元减排收益，实现了良好的经济、社会及生态效益，为节能减排的循环农业提供了范例。

该模式以养殖粪污为主要原料，同时，采用多元物料混合发酵生产沼气，沼气经高效提纯工艺生产生物天然气，并实现生物天然气车用、工业用、入天然气管网以及农村集中供气等多元利用模式。目前，生物天然气工程年产沼气 2 500 万米^3，年产生物天然气 1 500 万米^3，年回收热电联产机组余热相当于 1.5 万吨标煤，成功实现了节能减排。

采用高效浓缩工程化技术，对沼液进行深度开发和利用，成功制备出了浓缩沼液，解决了沼液用量大、运输难的问题，节省了工程建设与运输费用，通过浓缩沼液在全国进行销售，实现了养殖业与种植业的良性互动。另外，还将沼液浓缩后产生的清液作为中水，用于鸡舍的冲洗，实现了无污染、零排放的目标。

通过建立沼液有机种植基地，在消纳沼液的同时，还实现有机种植，进一步提升经济效益。与此同时，以山东民和沼气工程为依托，以山东蓬莱市为中心，辐射周边县市，建立起一个沼液有机生态种植基地，基地的农户按照标准使用沼液、有机肥，减少化肥用量，杜绝了高毒农药使用，减少污染，降低残留，所产果品及蔬菜集绿色、生态、无残留等特点于一身，增加了农民收入。

2. 政策措施

《山东省人民政府关于加快发展现代畜牧业的意见》中提到，政府将在财政税收、金融贷款乃至相关政策等多方面向畜牧业行业中的重点企业进行扶持，并将其作为山东省政府在“十三五”期间的工作重点之一。与此同时，我国在“十三五”期间还将开展多项尝试性的项目，例如以提供补贴的方式鼓励更多资本进入到沼气生产、热能回收相关行业，有利于助推沼气产业的发展。

（四）应用推广情况

山东民和牧业股份有限公司以沼气工程运行为纽带，实现了畜禽养殖业与种植业结合，公司为农户提供优质沼液肥料，并与蓬莱农业局合作在蓬莱市刘家沟镇南吴家村建设 1 000 亩* “省级沼液有机种植生态园”；有机叶面肥已经在全国推广示范，示范面积 10 万亩，形成沼液使用技术培训基地 1 座，并且建立了完善的技术服务体系，集中对种植户进行专业的技术指导，促进了畜禽养殖业与现代化农业的可持续发展，实现了零废弃物排放和废弃物资源高效利用的现代农业生产方式。

（五）适宜地区

本模式在全国各地配备一定土地规模的大中型养殖企业，均可推广应用。

养殖基地航拍见图 2 - 3。

沼气工程见图 2 - 4。

二、畜禽粪污全量收集全效还田利用模式

（一）模式简介

该模式以第三方社会化服务为载体，探索建立服务种植业与养殖业粪污处理农田回用的机制，对养殖场产生的畜禽粪污进行固液混合、全量收集，连接种植、养殖两端，全效还田，实现粪肥回田、养分循环利用。该模式以北京丹青诺和牧业科技有限公司为代表。

---

* 亩为非法定计量单位，1 亩≈667 米^2。——编者注

图 2-3　养殖基地航拍

图 2-4　沼气工程

（二）模式流程

1. 种养结合第三方服务模式流程（图 2-5）

2. “全量收集、全效还田”工艺流程（图 2-6）

（三）配套措施

1. 技术体系

在技术措施上，该模式借鉴丹麦成熟经验及先进技术，结合国内实际情况进行适

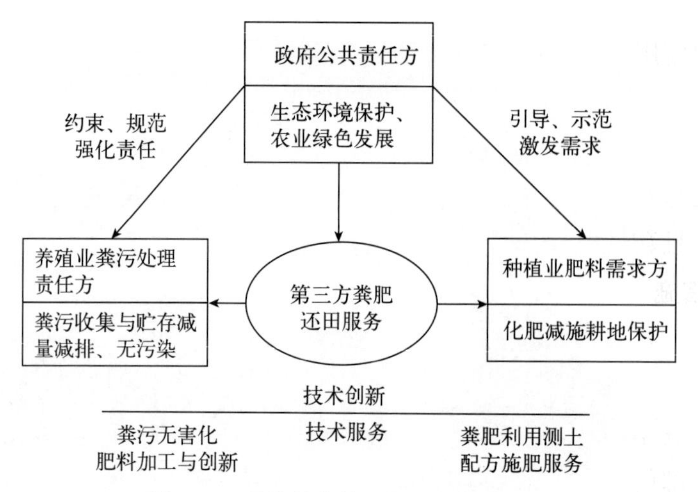

图 2-5　种养结合第三方服务模式流程

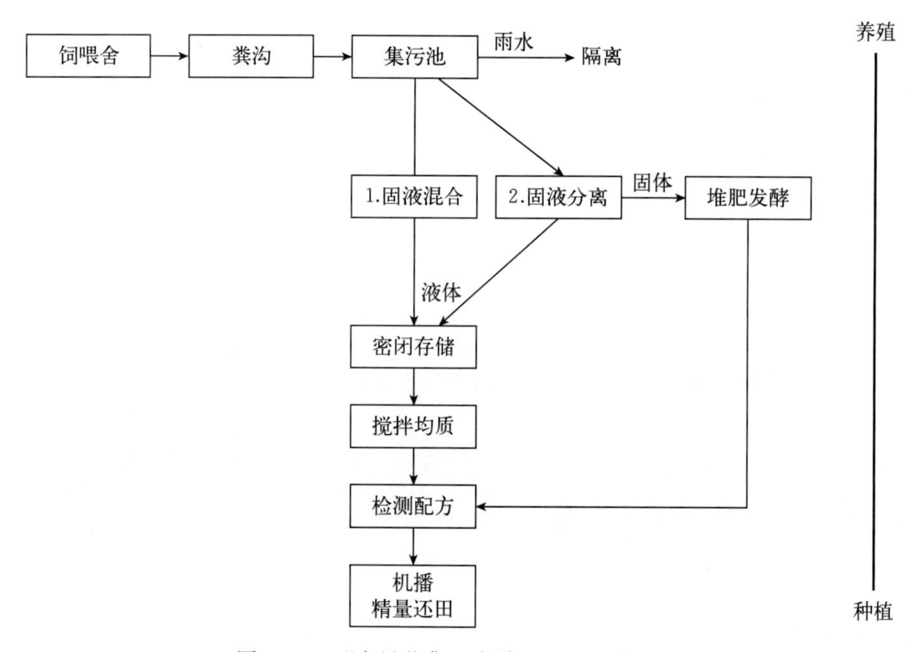

图 2-6　“全量收集、全效还田”工艺流程

应性调整，率先试点了以“固液混合、全量收集、全效还田”模式，该模式以环境友好为前提，以开发粪肥价值为目标，结合工程技术及土壤与植物营养研究成果，从粪肥收储与还田应用两方面为客户提供最优解决方案。把农作物所需的氮、磷、钾等元素通过科学配方、精准控量的还田，通过肥料化利用，避免了环境风险和资源浪费。

在还田利用上，该模式以环境、土壤、农作物三者的平衡为原则，采用测土配方施肥方法，在充分了解目标地块土壤理化性状的基础上，结合不同作物对养分的需求，确定还田施用量，通过有机、无机配施，达到既不超过环境的承载力，又不造成资源浪费，以最小的投入获得最好的效果。

在还田机械设备上，该模式采取的是丹麦标准，实施作业所需的液体粪肥施肥机、固体粪肥施肥机、专业粪肥搅拌机及泵送设备等均从丹麦进口，其特点为高效、精准、均匀，且数量可控。

2. 政策措施

目前，该模式处于试验示范阶段，若要大范围推广该模式，还需要制定出台配套政策，如养殖场环保约束及监管制度、粪污制备有机肥的激励政策等。此外，还需要制定粪肥还田利用的相关制度及标准，鼓励更多的种植业者更自觉自愿地施用有机肥料。政府相关部门在完善制度、机制及标准的同时，还需要对粪肥处理和施用给予一定的补贴，积极引导农民采取更多有效措施施用粪肥。

（四）应用推广情况

在哈尔滨市双城区实施中丹合作液体粪肥还田示范项目，2015 年 10 月底建设完毕，2016 年春季进行粪肥还田作业。该项目每年可解决 1.2 万吨粪污无处排放的问题，为 2 000 亩土地提供有机肥，培肥地力，改良土壤，并可逐步实现替代化肥的目标。同时，该项目大大缓解了因牧场污染引发的村民纠纷等问题。按每亩 100 元底肥计算，可逐步产生经济效益 20 万元。

该模式于 2016 年春季成功示范后，双城区政府以黑土地保护项目为契机，支持该模式进行更大面积的示范推广。2016 年 4 月，丹青诺和牧业科技有限公司对庆源猪场、雀巢奶牛养殖场粪污进行处理利用，合理配方，进行有机肥施用 5 000 亩，土地面积范围覆盖安西村、庆城村及久援村。随着当地养殖场及村民对该模式逐步了解，部分农户已开始积极主动要求施用有机肥料，不久将来，该模式将会在更大范围推广应用。

（五）适宜地区

该模式的核心是以解决养殖与环境的平衡发展为目标，通过种养结合，粪肥农田回用解决粪污资源化开发利用，在养殖场周边配套土地条件，推广应用。该模式适合猪、奶牛、肉牛等养殖场推广应用。该模式以使用大型机械为主，在果、菜、茶种植上应用时，对粪肥形态、作业面积及作业时期有一定要求。

粪污全量收集储存池见图 2－7。

应用施肥机械进行粪肥全效还田见图 2－8。

图 2-7 粪污全量收集储存池

图 2-8 应用施肥机械进行粪肥全效还田

三、畜禽养殖密集区粪污集中处理综合利用模式

（一）模式简介

本模式以养殖密集区或以县（区）为单元，将粪污集中收集，进行处理和能源化、资源化利用，遵循“畜禽粪污收集＋清洁能源＋有机肥料”的三位一体技术路线。该模式以江苏苏港和顺生物科技有限公司为代表，依托江苏省大丰区畜禽粪污集中处理综合利用项目，企业与区域内蛋鸡养殖户签订粪污收集处理合同，定期指派专业粪污收集车上门收集粪污，运输至公司内进行厌氧发酵生产沼气，沼气通过提纯变

为生物天然气，经管道输送提供给周边工业园区使用。同时，对发酵后形成的沼渣、沼液进行肥料化利用，开发生物有机肥、栽培基质、有机营养液以及有机肥水膏等生态肥料，建成以畜禽粪污集中处理为纽带的生态循环农业体系。

（二）模式流程

模式流程见图 2－9。

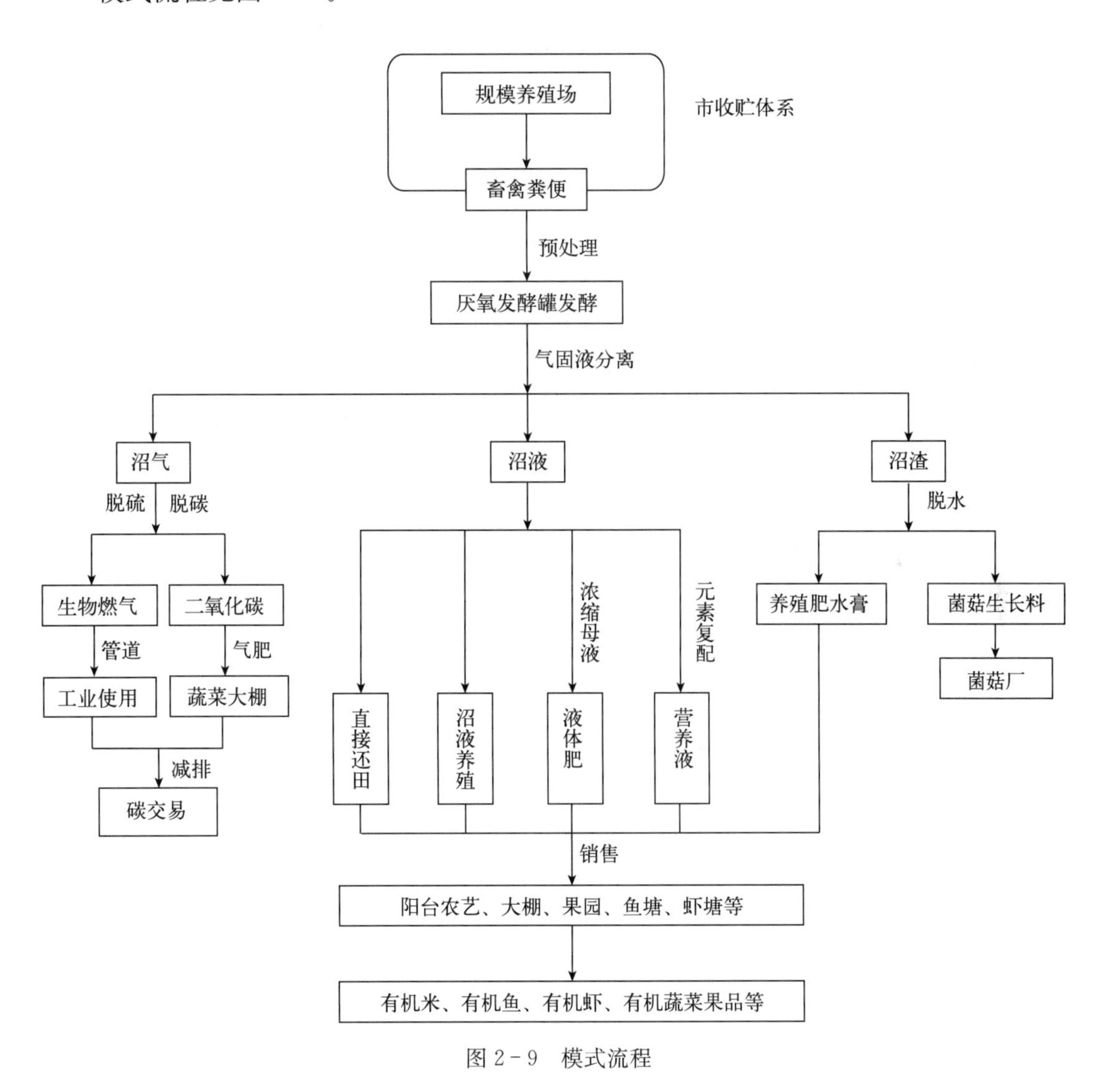

图 2－9　模式流程

（三）配套措施

1. 技术体系

（1）畜禽粪污水解除沙技术。在原料引入厌氧反应罐前，通过对原料进行水解除沙，可去除粪便中80%～90%的沙子，有效保障整体装置的长期运行，确保厌氧罐等主体设备的性能稳定。

（2）*高浓度高氨氮纯鸡粪高效厌氧消化技术*。采用耐高氨氮驯化技术，可使厌氧发酵菌耐受浓度由常规的3 000毫克/升提高到5 400毫克/升。

（3）*高效节能厌氧专用搅拌技术*。匀浆池及厌氧罐均采用顶入式中心搅拌机，使罐内搅拌更均匀，并消除搅拌死角，有效解决了物料传质不均问题，同时，也有效避免了浮渣、结块、结壳等现象，不仅确保原料分布均匀，也使得产出沼气逸出顺畅，较传统搅拌机节能60%以上。

（4）*厌氧罐增温保温技术*。采用在水解匀浆池及厌氧罐设置增温保温装置，有效降低原料对厌氧发酵温度的冲击，确保原料进罐温度恒定。

（5）*沼气生物脱硫技术*。采用沼气生物脱硫技术，利用碱液吸收沼气中的硫化氢，然后在适宜条件下通过催化还原反应，将硫化氢还原成单质硫而沉淀。

（6）*双膜干式球形沼气贮气技术*。采用双膜干式球形沼气贮气技术，双膜干式球形沼气贮气装置包括贮气膜、锚固系统、进风系统、安全系统、测量系统。

（7）*沼气提纯技术*。采用变压吸附法（PSA）对沼气进行提纯。利用吸附剂随着压力变化而呈现出对气体中不同组分吸附能力差异的特性，对混合气中的不同气体组分进行选择性吸附，实现甲烷与二氧化碳的分离。

（8）*沼液生化、浓缩处理及应用技术*。采用超滤、纳滤及反渗透膜处理工艺，通过对沼液进行浓缩分离，提高其内在各营养元素浓度，并且各营养元素可以分级获得，大大提高了利用率。同时，针对不同农作物以及水产养殖品种，采用不同分级的沼液为母液，通过科学添加其他元素平衡母液，最终获得最佳的产品配方，从而达到个性化定制肥料的目的。

2. 政策措施

江苏省盐城市大丰区政府出台了《大丰区农村畜禽养殖污染集中处置实施方案》（大政办发〔2015〕134号），制定了《盐城市大丰区畜禽养殖区域规划》。根据新建粪便收集池的实际大小，由区财政按20%进行相应补助；粪便运输费实行政府指导价，目前按到厂平均每吨50元计，其中区级承担10元，镇级承担10元，养殖户承担20元，处置企业承担10元。区公安交管部门负责为运输畜禽粪便的车辆开辟绿色通道。区供电公司对集中处置利用企业沼气发电、并网上网等工作给予技术支持和政策支持。

（四）应用推广情况

目前，对大丰区范围内的350个规模养鸡场的鸡粪进行收集处理，日处理量为

500 吨，将畜禽养殖粪污转化为清洁的生物质燃气和高效有机肥，可有效缓解养殖粪污给当地带来的环境压力。

经济效益：根据项目的实际运行情况，畜禽粪便由于有政府收集运输补贴和养殖户的付费处置，企业实际支付较少畜禽粪便收集运输费用，生物天然气已经达产，部分沼液经加工，制成渔业专用肥料，沼渣有机肥料发酵设备已安装到位，即将投入生产。如果国家生物天然气补贴政策到位，则企业可获得更好的发展，将有助企业进一步提高利润。

社会效益：畜禽粪污资源化利用体系建设是循环农业产业链中的一个重要环节，也是将农业产业体系循环起来的一个节点产业。本项目的实施将促进当地农业结构的调整，加快农业产业化的步伐，推动资源与经济社会的协调发展，为解决“三农”问题提供一条有效途径，对于生态农业的开发具有极其重要的示范效应和借鉴意义。

（五）适宜地区

该模式适宜在畜禽养殖密集地区应用推广。

图 2 - 10 为运输车辆对周边畜禽粪污进行收集，图 2 - 11 为通过沼气工程集中处理畜禽粪污。

图 2 - 10　运输车辆对周边畜禽粪污进行收集

图 2-11 通过沼气工程集中处理畜禽粪污

四、畜禽粪污肥料化利用 PPP 模式

（一）模式简介

该模式是利用社会资本参与畜禽粪污“减量化、无害化、资源化、生态化”综合利用，通过公私合营（PPP）方式进行粪污综合利用。该模式以四川省浦江县 PPP 模式为代表。蒲江县农业农村局和林业局作为项目发起人，公开选择适合的社会投资人开展伙伴式合作，双方以畜禽粪污综合利用项目为载体，通过签署合同明确合作双方的权利和义务，相互协调、合力决策，共同推动畜禽粪污还田资源化利用工作，切实降低畜禽粪污造成的环境污染风险，同时提升耕地土壤地力，初步探索建立了农业废弃物处理利用企业化运作的长效机制。

（二）模式流程

1. 模式流程（图 2-12）

2. 模式实景（图 2-13）

（三）配套措施

1. 技术体系

（1）严格规范畜禽养殖区域化管理和布局。

（2）按照饲养生猪 50 头（或禽、兔 500 只）配套沼气池 15 米^3、储粪池 30 米^3、堆粪场 15 米^2 的标准，配套建设沼气池、储粪池、堆粪池等处理设施。

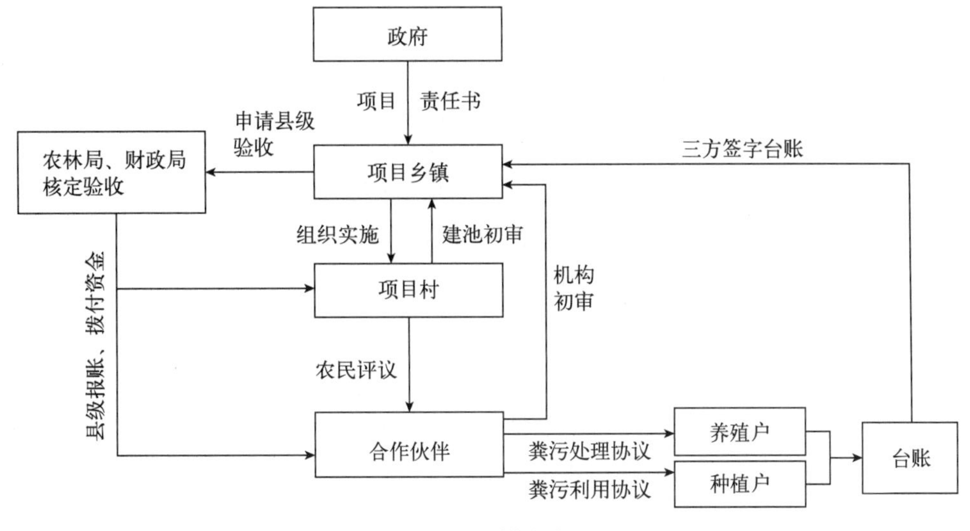

图 2-12　模式流程

图 2-13　模式实景

(3) 改水冲式清粪为干式粪池，降低液体粪污量，减轻后续处理难度。

(4) 按照存栏 5 头猪（或禽、兔 100 只）配套 1 亩地标准，配套消纳粪污的农田或林地。

(5) 将发酵处理过的畜禽粪便、沼液综合利用还田、还林。

2. 政策措施

(1) 健全规划机制。县政府印发《蒲江县关于划定区域管理畜禽养殖的意见》，将县行政区域划分为禁止养殖区、限制养殖区和适度养殖区，为畜禽养殖场合理布局与发展规划提供了依据。通过对畜禽养殖区域和养殖场规划和布局的调整，全县 95%以上的畜禽养殖场所都与水果、茶叶、蔬菜等种植基地有效结合起来。

(2) 健全保障机制。成立了“蒲江县畜禽养殖粪污综合利用工作领导小组”，统一部署综合利用工作，协调解决重点难点问题。

（3）健全工作机制。印发了《蒲江县畜禽养殖污染专项整治工作方案的通知》和绩效考核办法，将畜禽养殖粪污综合利用工作纳入年度目标并实行补助和绩效考核。三年县财政共安排资金300万元，主要用于畜禽养殖粪污综合利用考核、补助。

（4）健全监管机制。县人大牵头，多次实地调研，听取各部门意见建议，取得市人大支持，制定了《关于加强畜禽养殖污染防治的决定》，为各部门和乡镇加强对散养户的监管提供了有力的法律保障和支撑。

强化宣传，积极营造良好工作氛围。通过蒲江电视台等媒体，滚动播放宣传标语，采取印制宣传手册、综合利用资料、挂横幅、“村村响”、写标语、开培训会及走访养殖户等形式，广泛宣传养殖污染危害、养殖污染处罚相关管理规定和养殖污染治理技术，全县印制发放了《畜禽养殖污染治理主要技术措施》《蒲江县畜禽养殖污染治理宣传手册》3万余份，在全县营造了浓厚的畜禽养殖粪污处理与利用的氛围。

3. 运行机制

（1）公开选择合作伙伴。以乡镇为主导，县农林局、财政局参与，按照自愿、公开、公平、公正原则，采取农民群众评议的方式选择确定合作伙伴，确保具备条件的社会力量平等参与竞争，全县选择了8家合作伙伴。县农林局与乡镇签订目标责任书，乡镇、村分别与合作伙伴签订合作协议，确保了该模式的顺利推进。

（2）实行台账管理。合作伙伴与畜禽养殖业主签订粪污处理协议，与种植业主签订沼渣沼液、堆沤有机肥推广使用服务协议，建立粪污来源和去处的详细台账，并由养殖业主、种植业主、机手三方签字确认。

（3）确定资金补助环节和标准。按照政府购买服务、业主和农户自筹的方式进行资金筹措。乡镇、村、合作伙伴购置沼渣沼液抽渣车，每辆车补助5万元，修建200米^{3}田间沼液贮存池，每池补助2万元，在沼肥转运环节中按每立方米政府补助20元、养殖户自筹5元、种植户自筹18元的标准，进行补贴。

（四）应用推广情况

2015年选择6个乡镇试点，转运沼肥10.1万米^3，在茶叶、水果等作物上实现沼肥还田3.35万亩，实现了区域沼肥利用率100%；2016年在全县12个乡镇全域实施，转运沼肥20.8万米^3，在茶叶、柑橘、猕猴桃等作物上实现沼肥还田6.93万亩，沼肥利用率100%。

通过该模式的推广，建立了县、镇、村、组四级动态监控机制，实现畜禽养殖粪污循环综合利用常态化，取得了显著的社会效益、经济效益和生态效益。

1. 社会效益

通过项目的实施，耕地质量退化、肥力水平低等情况得到改善，优化了土壤微生物群落结构，创造适合作物生长的土壤环境，耕地质量得到保护，耕地土壤地力得到提升。同时，农产品产量与品质不断提升，农产品质量安全保障水平进一步提高。

2. 经济效益

一方面，随着耕地土壤地力的提升，提高了土壤保肥蓄水的能力，沼肥的施用，可明显减少氮素流失，提高肥料利用率，同时农产品品质得到改善，特别是果品，其风味浓郁，可溶性固形物含量、维生素含量、糖酸比有明显提升。据测算，亩平均节本增收 450 元，两年推广沼肥还田 10.28 万亩，节本增收 4 626 余万元。

另一方面，通过项目的实施，有了政府财政资金的扶持，合作伙伴收益得到保障，服务队伍进一步壮大和稳定，设施设备得到更新，2～3 年财政补贴资金退出后，也可保证畜禽养殖粪污治理和综合利用常态化运行。

3. 生态效益

项目实施后，有效治理畜禽养殖污染，减轻大中型养殖场对环境污染的压力，推进畜禽粪污“减量化、无害化、资源化、生态化”综合利用，促进畜牧业和生态环境协调发展，改善人居环境，促进农民持续稳定增收。

（五）适宜地区

该模式适宜在生猪养殖量大、养殖农户分散的区域推广，同时需要具备足够消纳生猪养殖粪污的耕地，柑橘、茶叶、水稻、小麦、油菜、蔬菜、花卉苗木等农作物品种均适宜。

图 2－14 为配备养殖场抽粪车进行作业。

图 2－15 为应用 PPP 项目建设的田间储存沼液池。

图 2－14 配备养殖场抽粪车进行作业

图 2－15 应用 PPP 项目建设的田间储存沼液池

五、猪场粪污源头减量和沼液高值化利用模式

（一）模式简介

模式实施区域将养猪场的固体和液体废弃物进行分离，固体粪便加工成商品有机肥料，养殖污水和生活污水通过大型沼气工程形成沼液，沼液再经过处理，进行就地达标排放或者中水回用。该模式以浙江省衢江区规模畜禽养殖场为代表。

（二）模式流程

模式流程见图 2－16。

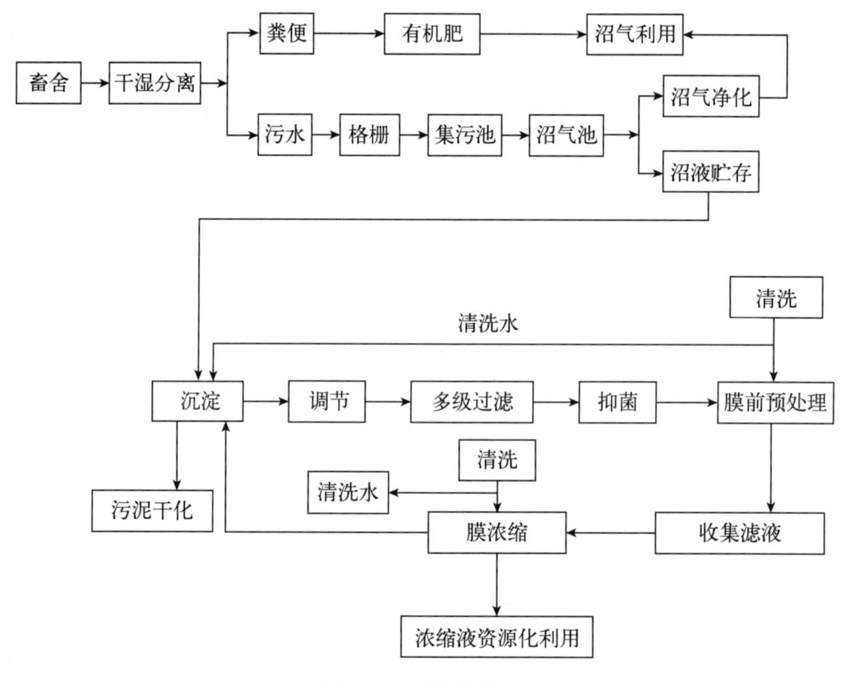

图 2－16　模式流程

（三）配套措施

1. 技术体系

养猪场实行干清粪工艺，固体粪便通过生物发酵处理加工成商品有机肥料，养殖污水和生活污水通过大型沼气工程进行厌氧发酵处理，产生的沼液输送至沉淀池进行沉淀，沉淀去除沼液中含有的固体颗粒物，上清液经增压泵输送到高效过滤器过滤，进一步除去部分颗粒悬浮物。高效过滤器出水进入中间水池，再经带式过滤器过滤，

进一步去除小颗粒的悬浮物、胶体和颗粒状机械杂质，达到膜过滤处理标准。经过多级过滤的沼液在消毒后进入膜预处理装置进行预处理，然后进入膜浓缩设备进行多级浓缩。经膜浓缩设备处理后，透过液达到排放标准进行排放或作为中水回用；浓缩液可制备成高浓度液肥，进行农田资源化利用。

2. 政策措施

省、市、区政府对有机肥生产企业及有机肥使用大户实行补助政策，对年销售5 000吨以上的有机肥生产企业以每吨30元的标准进行了补助，对衢州市宁莲畜牧业有限公司的膜浓缩技术设备补助20万元。

3. 运行机制

采用生态化和工业化双重工艺，使养殖场排泄物达到减量化、资源化、标准化、生态化的治理目标。

（四）应用推广情况

该模式已向衢州市全区域推广，推广面积达3万亩，通过此模式的运行，实现了养殖场排泄物减量化、资源化、标准化、生态化的治理目标。

1. 解决沼液去向的难题

沼液是一种优质、高效的无公害有机肥料，是畜禽粪便等生物质经沼气池厌氧发酵的产物，含有多种植物生长所需的养分、氨基酸及各种生长激素、维生素等。但由于沼液连续生成和农业生产季节性需求之间的矛盾，使沼液成为困扰当前沼气工程长效运行的巨大难题，如果将沼液排放到环境中，将会对环境造成危害。沼液也是一种资源，膜浓缩就是将沼液中水和植物营养物质进行分离，使透过液达标排放，使沼液中的营养物质浓缩成为液肥进行资源化利用。

2. 构建沼液循环利用产业化模式

膜分离技术可以将沼液进行浓缩，实现减量化和标准化，有利于沼液的高值化进一步开发，这使得沼气工程市场化运营成为一种可能。同时，膜分离技术可提供优质的水溶性肥源，有利于水肥一体化技术的推广和应用。

3. 经济效益显著

日处理100吨沼液，生产20吨沼液配方肥或营养液（浓缩5倍），每吨按250元计（目前有机冲施肥每吨高于5 000元），销售额达到5 000元，年增效益80万元。

4. 环境效益显著

沼液36 500吨/年（处理能力100吨/天，年按365天计算），浓缩5倍，透过液29 200吨/年，减排污水36 500吨/年，减排COD 85吨/年（COD浓度2 000毫克/升），同时可减少运输所造成的碳排放。

（五）适宜地区

该模式适宜于大型养殖场及周边附近没有足够可供消纳养殖废弃物土地的养殖企业。此外，还适宜经济发展水平高、养殖经济效益较好的区域，如长三角、珠三角、沿海等经济发达的地区。

六、“猪—沼—菜”种养循环利用模式

（一）模式简介

通过厌氧发酵与高温堆肥技术，将养殖废弃物无害化处理，制成沼液和有机肥，全量回用于蔬菜种植，蔬菜种植产生的废菜叶等废弃物用于生猪养殖，实现废弃物多级处理并循环利用。该模式以贵州省兴义鸿鑫农业发展有限公司为代表。

鸿鑫农业发展有限公司主要将生猪养殖和蔬菜种植有机结合，使项目建设产生的废弃物（猪粪）经充分发酵生产高效有机肥，生产污水作为沼气原料获取生物能源，有机肥和沼液作为优质肥料就近施用到蔬菜种植基地，产生的沼气和电等产品供周边农户和基地生产使用，分拣后的蔬菜残次品又可以作为养猪的青饲料，形成“猪—沼—菜—猪”的循环产业链，实现了污染物的“全消纳、零排放”，养殖废弃物100%再利用，有效保护和改善生态环境，实现农业经济可持续发展，符合园区产业规划，真正实现高效、循环，有利于高效农业示范园区建设，促进农村经济发展。

（二）模式流程

模式流程见图2-17。

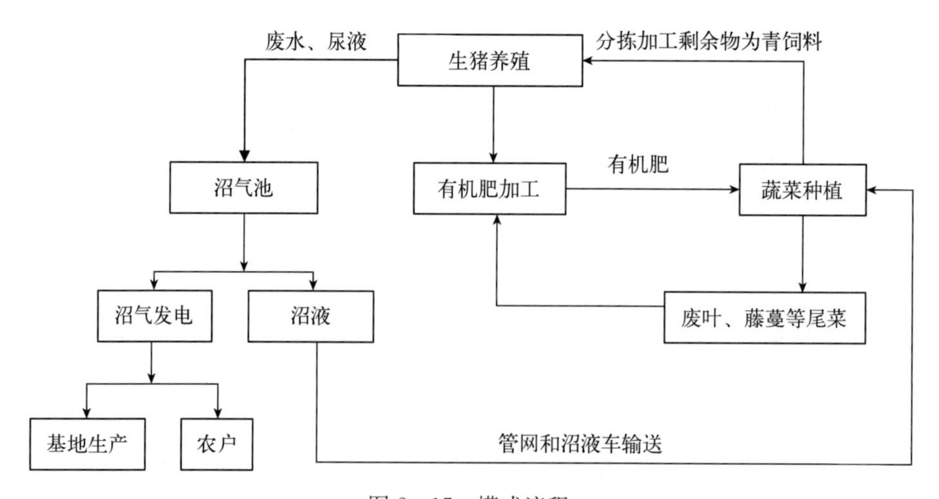

图2-17　模式流程

（三）配套措施

1. 技术体系

（1）生猪养殖环节的技术，尤其是无抗养殖技术，其核心是生猪养殖过程中严格控制抗生素、生长激素等药品和猪场烧碱消毒液的使用量，减少生猪养殖粪污中有毒有害物质数量。

（2）沼气池的沼液处理技术工艺，通过添加生物酶和微生物，加速沼液中悬浮物降解，降低沼液的COD浓度和氨氮浓度，确保沼液可以用于蔬菜生产。

（3）有机肥加工技术，制订控制流程，使水分控制、升温、翻堆及发酵剂使用等环节技术到位，确保腐熟充分彻底，在堆肥中加入生物酶、秸秆、木屑等辅料，水分含量控制在55%左右，升温发酵15～20天，待彻底腐熟后，再用于蔬菜种植，确保施用安全。

（4）蔬菜种植管理技术上，以我国台湾农渔会联合资讯中心为技术支撑，对园区进行“规模化种植、标准化生产、商品化处理、品牌化销售、产业化经营”的现代化管理，使产品在当地具有较强的竞争优势。

（5）销售管理上，公司采用创新的商业模式，即：立足80万～100万人口的区域城市市场，建设“能够提供无公害绿色蔬菜、自养殖肉类产品，以及农事体验与康养休闲旅游”的规模基地，借助信息化技术“实现智慧农业生产及创建OTO会员直接营销体系”，以提高利润，保持适度扩张，促进持续发展。

2. 政策措施

项目运行中的大型沼气工程由国家财政补助实施，其他基础设施部分由政府资金投入，运营主要资金由企业投入，种植和养殖规模配套运行，形成“猪—沼—菜—猪”种植、养殖循环模式的适度规模发展。

3. 运行机制

沼气池产生的沼气由公司免费提供给企业所在地村委会，居民在使用沼气时由村委会收取一定的管理费用，以确保项目运行；在废弃物的良性循环利用上，主要以种植、养殖规模的配套，在政策上，大力支持积极推动种植、养殖废弃物的综合利用，并且扶持企业在销售终端方面的体系建设，以农产品质量安全为保障，一、二、三产业融合发展，从生产到加工、到服务融合，形成现代农业产业服务体系，真正实现种植、养殖与“农事体验及康养休闲旅游”一体化的“种、养、加、销、旅”一、二、三产业的融合发展，做到生产要真、生活要善、生态要美，达到农民生财、农村聚财、农业滚财的发展目标。

（四）应用推广情况

该模式已在兴义市敬南镇和木贾办事处等推广应用。

经济效益：鸿鑫农业发展有限公司“猪—沼—菜”养殖、种植循环模式主要为公司内部生产循环利用，解决好公司生猪养殖产生的粪污，产生的沼气部分用于发电来满足沼气处理用电，部分沼气提供给当地的 93 户农户使用和基地冬季育苗升温用，沼液全部用于蔬菜基地生产，每亩土地节约化肥 1 000 元，在种植上年节约成本 400 万元，取得了良好的经济效益。同时，养殖粪污的综合利用，保护了生态环境，为市场提供了安全生态的农产品，取得了良好的生态效益。

社会效益：由于黔西南典型的喀斯特地貌，山多平地少，通过示范带动，打造可复制的“鸿鑫循环产业模式”，带动当地贫困户和村委会参与项目运行，利用公司的销售平台优势，产业扶贫，解决空壳村和贫困户增收，带动老百姓脱贫致富，同时又解决环境污染问题，具有良好的社会效益。

（五）适宜地区

该模式适宜于有一定种植、养殖规模和销售通路的龙头企业或区域。

图 2 - 18 为利用畜禽粪污生产有机肥。

图 2 - 18　利用畜禽粪污生产有机肥

七、养牛场粪污农牧循环综合利用模式

（一）模式简介

构建了“牧草种植—奶牛养殖—乳品加工—沼气工程—生物有机肥”产业链条，牛场粪便、污水通过粪污收集系统进行收集，粪便通过有机肥加工系统生产有机肥，污水通过沼气工程进行厌氧发酵，沼气用于发电及商品气出售，沼渣用于生产有机肥，沼液一部分通过水肥一体化用于农田灌溉施肥，一部分通过深度处理后，或回

用，或达标排放。该模式以山东大地乳业为代表。企业结合奶牛粪污产生情况，采用“粪污＋垫料＋清洁能源＋有机肥料＋沼液还田”技术路线，先后建设大型沼气工程、有机肥加工厂、自有牧草基地及订单基地，实现充分消纳。

（二）模式流程

模式流程见图 2－19。

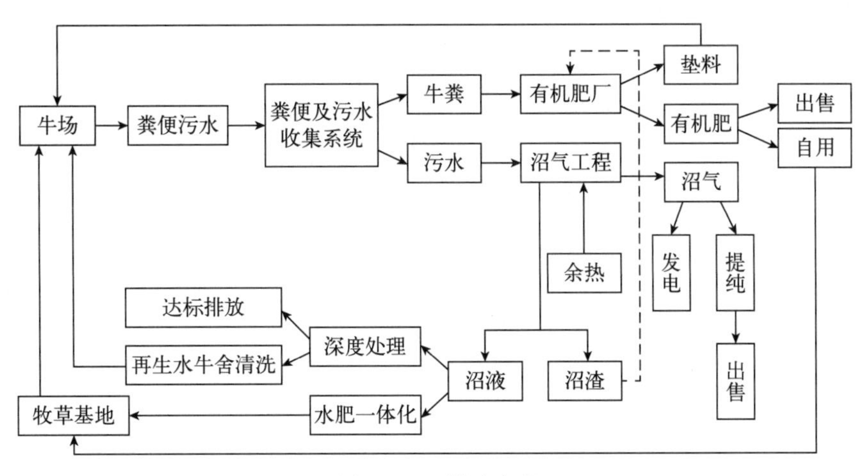

图 2－19　模式流程

（三）配套措施

1. 技术体系

（1）堆肥发酵技术。固体粪便采用槽式堆肥发酵方式，发酵槽高 1.5 米，宽 4 米，长 60 米，便于机械翻动，发酵槽底部设有通气管，装入混合物料后用送风机定时强制通风。原料及辅料通过进料系统运至发酵车间，加发酵菌剂，调节水分为 55%～65%，物料通过装置于发酵槽的移动翻抛机进行翻堆，一天一次，发酵温度 55～75 ℃，经过 18 天的好氧发酵，温度逐渐下降至稳定时即可进行后熟，后熟时间为 18 天或更长。

（2）厌氧消化工艺。针对牧场污水有机物浓度高、残渣固体多、容易结壳的特点，采用完全混合式厌氧消化工艺（UASB）。完全混合式高浓度厌氧反应器里的原料进入和流出处于动态平衡状态，并且发酵液中的液体、固体和微生物处于混合状态，出水有机物浓度与反应器内料液浓度相等；内设回流以提高传质效率和破除浮渣，并利用发电余热对料液进行加温，实现中温厌氧消化，保证冬季正常产气。

（3）水肥一体化技术。水肥一体化技术由全管道输水和局部微量灌溉系统构成，可减少水分渗漏、滴跑漏损失，同时，由于能够做到适时供应作物根际所需水分，使水肥利用率大大提高。此外，该技术节水效果显著，例如，采用传统灌溉方式，玉米全生育期灌溉用水一般需 120 米^3 左右（按出苗水、大喇叭口期两水计），而采用喷灌模式，需 80 米^3 左右，可节水 40 米^3 左右；水肥一体化技术将肥料加入施肥系统，使用的冲施肥水溶性强，溶解充分，水肥结合，养分直接均匀地施入作物根际，可实现小范围局部控制，极大地提高肥料利用率，减少化肥施用量，尤其能够解决微量元素不易均匀使用的问题。

2. 政策措施

国家级农高区——山东省黄河三角洲农业高新技术产业示范区非常重视养殖业畜禽粪污综合利用，在财税、金融、土地、科技、人才等方面给予大力支持。例如在土地方面，探索建立耕地保护经济补偿机制，依据相关规划和土地利用适宜性评价，鼓励无生态功能的未利用地开发为农田，特别是耕地，整理开发的耕地占补平衡指标可通过市场化有偿调剂使用，所得收益按一定比例用于加快黄河三角洲盐碱地改良和中低产田改造；支持设立黄三角土地银行，将黄三角土地银行建成金融业务、融资业务、开发基金三位一体的跨区域银行，为国有未利用地和集体荒碱地开发及规模化、标准化产业基地建设、新农村建设等提供融资服务，开展金融衍生品设计开发，土地承包经营权的集中流转与经营。

（四）应用推广情况

该模式推广有利于改善产地环境，提高产品质量；有利于带动农民就业，促进农民增收致富；有利于带动当地产业结构升级，促进当地农业现代化水平提升。

实现沼肥还田总面积 3 万亩，辐射带动周边农户 2 000 户以上，有效解决长期种养结合不紧密、沼肥利用时空不匹配问题，实现养殖减排、环保减压和种植增效。化肥农药使用量降低约 65%；畜禽粪便、秸秆等农业废弃物循环利用率达到 98%以上；生产成本下降 20%；产品实现增值 15%以上；农民收入增加 15%。生态效益与社会效益显著。

（五）适宜地区

该模式适宜在全国规模化养殖场示范推广。

养殖场沼气工程见图 2－20。

图 2－20　养殖场沼气工程

八、养牛场粪污干湿分离循环利用模式

（一）模式简介

该模式把养牛场牛舍内所有的粪污输送到有水回冲的管道内，集中到一个集污池内，进行搅拌，再由集污池经过地下管道由泵输送到筛分室，在筛分室内进行筛分，筛分出的固体牛粪经过发酵、消毒后，作为奶牛的卧床垫料，循环利用，这样做既节省了购买奶牛卧床垫料的资金费用，又大幅度地提高了奶牛的舒适度，筛分后的牛粪水，由地下管道输送到后面的氧化塘内进行贮存，在施肥季节进行农田施肥利用。该模式以黑龙江省双城雀巢有限公司为代表。

（二）模式流程

模式流程见图 2-21。

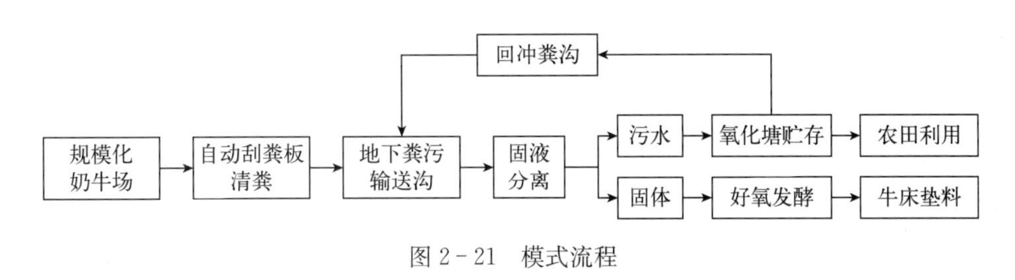

图 2-21　模式流程

（三）配套措施

1. 技术体系

粪污处理设备主要由清粪设备（滑移式铲车）、回冲沟、搅拌站、干湿分离设备、氧化塘和固液转移车组成。

（1）滑移式铲车，操作方便小巧灵活，适合牛舍内操作。每日将牛舍内牛粪清理到回冲沟内，由回冲沟带到搅拌池内。

（2）搅拌站可以把牛粪和水进行充分搅拌，在含固率在 10%左右时进行干湿分离。

（3）搅拌池内的液体牛粪通过地下管道输送到筛分室内进行干湿分离，通过干湿分离的固体牛粪干物质含量可以达到 30%以上。

（4）液体牛粪排放到氧化塘内，两个氧化塘的存储量分别为 5 万米^3 和 3 万米^3，可以满足 1 500 头牛牧场的全年存储量。

（5）固体牛粪经过 8～9 周的发酵处理，可以回填卧床。

（6）剩余部分固体和液体牛粪还田周边青贮饲料地。

2. 政策措施

（1）与当地政府和种植合作社签订协议，在牧场5千米范围内进行牛粪还田，以达到土壤改良和减少化肥用量的目的。

（2）参与了政府的黑土地修复计划，牧场提供粪肥，政府给予相应补贴。

（3）种养结合的投资补助项目正在进行中，该项目实施后对牧场的粪污处理能力和设备的工作效率提高都将有较大帮助。

3. 运行机制

在每年的春、秋两季将贮存的发酵牛粪和牛粪水通过科学的还田方案进行还田，还田土地都是周边农民的青贮玉米种植地，这样做既为农民节约了化肥，降低了成本，又提高了玉米产量，采用此种运行机制降低了牧场青贮饲料采购成本，同时有利于牧场粪污的循环利用和零排放。

（四）应用推广情况

该牧场从2014年6月18日进牛，运行两年半时通过种养结合的模式，完全达到了设计目标和标准，实现了牧场的粪污零排放。

经济效益：以全场1 500头计算，每头牛每天可节约卧床垫料费用0.5元，每年可节约27.4万元，且有利于对牧场奶量提升，使农民节省农资成本。

社会效益：因为牧场为培训中心的实践牧场，每月都会接待全国乃至国外的畜牧相关人员前来进行参观和学习，通过牧场的示范作用，对全国的牧场粪污处理也起到了一定的推动作用。

（五）适宜地区

该模式基本不受温度影响，适合有一定耕地面积的区域应用，在北方寒冷冬季，只需要把发酵时间延长一周即可，牛粪经过干湿分离都适用于该模式。

第三部分　农作物秸秆处理利用典型模式

一、东北玉米秸秆全量深翻还田典型模式

（一）模式简介

该模式是基于东北地区玉米生产所处的气候与生态条件，以“深翻还田”为核心，配套农机农艺融合技术，实施全程机械化的玉米秸秆全量直接还田的技术模式。该模式以吉林省中部地区为代表。

（二）模式流程

1. 模式流程

依据吉林省的农业生产条件与生态特征，基于现有的农机农艺配套技术，在多年田间定位试验与技术攻关的基础上，建立了以“深翻还田”为核心的全程机械化玉米秸秆直接还田技术模式，东北玉米秸秆全量深翻还田技术模式流程图如图3-1所示。

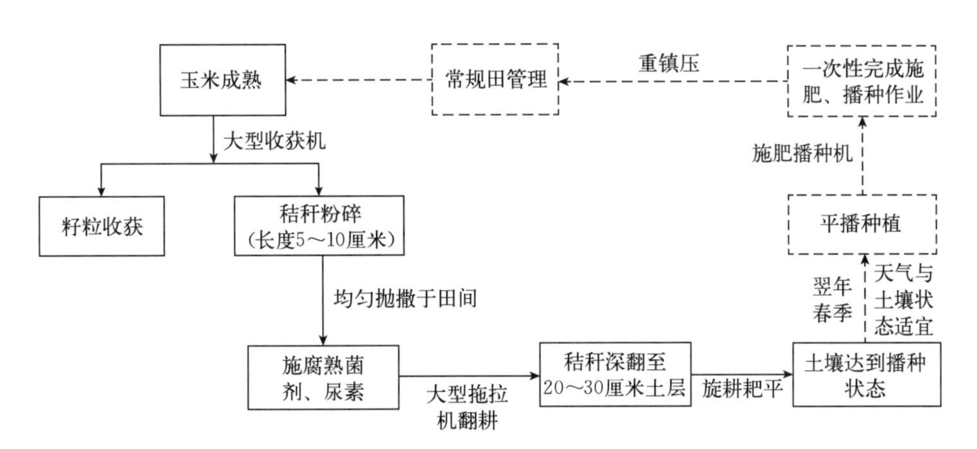

图3-1　东北玉米秸秆全量深翻还田技术模式流程

2. 模式实景

东北玉米秸秆全量深翻还田技术模式实景见图3-2。

图 3-2 东北玉米秸秆全量深翻还田技术模式实景

（三）配套措施

1. 技术体系

玉米秸秆全量深翻还田技术要点如下：

（1）玉米进入完熟期后，采用大型玉米收获机进行收获，同时将玉米秸秆粉碎（长度<10 厘米），并均匀抛撒于田间。

（2）喷施玉米秸秆腐解剂与尿素。

（3）将秸秆耕翻入土（动力在 130 马力* 以上，翻耕深度 30～35 厘米），将秸秆深翻至 20～30 厘米土层，旋耕耙平，达到播种状态。

（4）翌年春季当土壤 5 厘米地温稳定达到并超过 8℃，土壤耕层含水量在 20%左右时，采用平播播种，播后及时重镇压，镇压强度为 400～800 克/厘米^2。

（5）玉米种植密度的选择：低肥力地块种植密度为 5.5 万～6.0 万株/公顷，高

* 马力为非标准计量单位，1 马力=746 瓦。

肥力地块种植密度为 6.0 万～7.0 万株/公顷。

（6）根据土壤肥力和目标产量确定合理施肥量。肥料养分投入总量为 N 180～220 千克/公顷，P_2O_5 50～90 千克/公顷，K_2O 60～100 千克/公顷。氮肥 30%与全部磷肥、钾肥作底肥深施（10～15 厘米）；用高秆作物施肥机在玉米大喇叭口期追施氮肥总量的 50%，灌浆期追施氮肥总量的 20%。

2. 政策措施

（1）整合补贴类别，定向统筹分配。整合现有各类涉农项目和补贴资金，围绕秸秆深翻还田技术体系，在项目示范区改单项技术补贴为补贴整个作业链，补贴金额为每亩 100 元，并侧重补贴规模化经营。

（2）推进立法进程，加强秸秆管理。《吉林省黑土地保护条例》正在征求意见中，禁烧秸秆、秸秆直接还田等黑土地保护和基本农田建设等内容均已列入其中。完善的法律法规和政策体系使基层工作有法可依，更有利于秸秆还田培肥土壤及其综合利用。

3. 运行机制

（1）建立示范基地，构建规范化与标准化技术体系。优先选择以规模化经营为主体的种粮大户或者农民专业合作社，采用技术依托的形式指导其使用秸秆深翻还田技术，引导其建立规范化、标准化的基于秸秆深翻还田技术的农业生产体系。

（2）依托项目示范，引导小农户实施秸秆深翻还田。在农安、公主岭、榆树等粮食主产区，依托《吉林省黑土地保护利用试点项目》示范县及相关项目补贴，由农机专业户牵头，组织附近区域小农户实施、落实。县（市、区）农业技术总站负责检查项目执行情况，确认合格后发放补贴。

（四）应用推广情况

1. 推广区域及面积

玉米秸秆全量深翻还田技术在吉林省中部地区公主岭、榆树、农安与宁江等县（区）进行大面积推广与应用，年均累计推广面积约为 12.6 万亩。

2. 推广效益

经济效益：与常规的农民耕种习惯相比，玉米秸秆全量深翻还田技术模式的应用有效提高了土壤耕层的厚度与有机质的含量，玉米出苗率可达到 90%以上，节约肥料用量 10%，肥料利用率提高 10.6%。经计算，2011—2015 年，玉米秸秆全量深翻还田方式的实施比常规耕种使玉米产量平均增加 10.1%，每亩增加纯收入 1 200 元，增收 13.5%。

生态环境效益：玉米秸秆全量深翻还田技术的实施，一方面，有利于土壤肥力与生产力的提升，推动了东北黑土资源的可持续利用，结果表明，与常规习惯相比，经过 4 年秸秆深翻还田，土壤耕层（0～20 厘米）与亚耕层（20～40 厘米）有机质的含量分别增加了 14.7%和 22.2%；另一方面，技术瓶颈的突破使秸秆还田技术更为可行，促进了秸秆资源循环再利用，减少了秸秆焚烧对大气环境所产生的负面影响。

（五）适宜地区

该技术适宜在我国主要玉米种植区应用，要求气候条件为降水量 450 毫米以上，积温 2 600 ℃以上，耕种条件适宜大型机械化作业的地区。

二、稻麦轮作区稻麦秸秆机械粉碎全量还田利用模式

（一）模式简介

用加装秸秆切碎抛撒装置的收割机将水稻、小麦等农作物秸秆就地粉碎，并翻耕入土，使之腐烂分解。经过一段时间的腐解作用，可转化为土壤有机质和速效养分，既可改善土壤理化性状、供应一定的养分，又可促进农业节水、节成本、增产、增效。该模式以浙江省桐乡市为代表。

（二）模式流程

1. 模式流程（图 3-3）

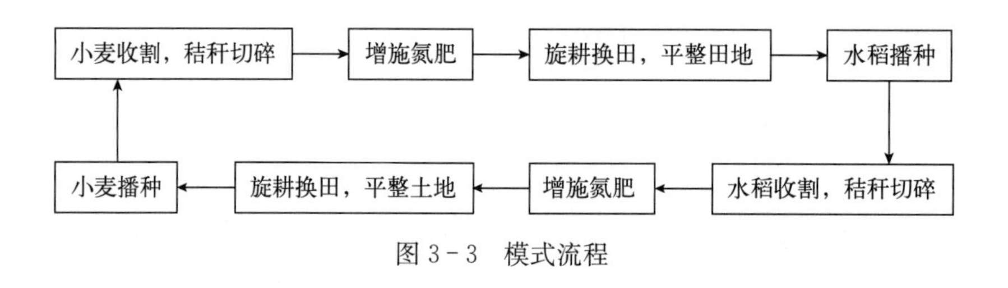

图 3-3　模式流程

2. 模式实景

桐乡市稻麦秸秆机械粉碎全量还田利用模式实景见图 3-4。

（三）配套措施

1. 技术体系

（1）技术要点。

① 稻麦秸秆全量粉碎深耕还田技术。在大麦、小麦、水稻收割时采用带秸秆切碎和抛撒装置的联合收割机，一次完成大麦、小麦和水稻切割喂入、脱离清选、收集装

图 3-4　桐乡市稻麦秸秆机械粉碎全量还田利用模式实景

箱、秸秆粉碎抛撒等作业工序。秸秆切碎长度≤15 厘米，切断长度合格率≥95%，抛撒不均匀率≤20%，漏切率≤1.5%，全幅均匀撒铺于田面。再用 70 马力以上大功率拖拉机进行深耕，把秸秆深埋于土中，最后播种大麦、小麦，或灌水耕耙后栽插水稻。

② 水稻秸秆全量粉碎覆盖还田技术。后茬为大麦、小麦的可结合稻套麦技术，根据天气条件，在水稻收割前一周内先把大麦、小麦种子均匀撒播于田中，用带秸秆

切碎和抛撒装置的联合收割机把秸秆粉碎均匀撒于田面，对麦种进行覆盖，再用70马力以上带开沟旋耕于一体装置的大功率拖拉机进行开沟覆土。

③ 增施氮肥技术。秸秆被翻入土壤后，配合施足速效氮肥。在大麦、小麦、水稻收割时，用带秸秆切碎和抛撒装置的联合收割机把秸秆粉碎均匀撒于田面，再用施肥机械每亩25～50千克碳酸氢铵或5～15千克尿素等氮素肥料均匀抛撒于田面，随后立即翻埋秸秆，实现全层施肥。该技术适用于大麦、小麦秸秆和冬闲田秸秆还田利用。

（2）配套机械。

① 大中型拖拉机、带切碎抛撒装置的联合收割机、开沟旋耕一体机、施肥机械等农业机械应按要求保养、调整、润滑，具有良好的技术状态。

② 农机人员应经过技术培训，具有一定田间作业经验，熟练掌握农机、农艺技术和安全操作规程。

（3）相关技术标准。

《秸秆还田机作业质量》（NY/T 500—2002）。

《秸秆还田机质量评价技术规范》（NY/T 1004—2006）。

《水稻联合收割机作业质量》（NY/T 498—2002）。

2. 政策措施

（1）政策推动。2015年桐乡市鼓励规模种粮大户率先示范，对规模化种粮农户、家庭农场、专业合作社实施秸秆翻耕还田10亩以上的，每亩给予30元的补贴，全年秸秆还田11万亩以上，投入补贴资金330多万元。2016年，鼓励散户农作物秸秆还田，对复种面积在50亩（含）以下的散户农田开展秸秆机械化切碎翻耕还田并给予每亩80元的补助；对集中连片300亩（含）以上的稻麦秸秆全量还田示范区给予1万～5万元的奖励。此外，2015年桐乡市出台补贴政策，在国家农机购置补贴的基础上，市财政给予累加至购机额50%的补贴。2015年桐乡市新增加装秸秆切碎抛撒装置的联合收割机38台，相当于近5年的购机总量，投入补贴资金260万元。

（2）示范带动。2014年在濮院镇油车桥粮油农机专业合作社率先建立示范点，在崇福镇联丰村召开全市水稻秸秆全量还田现场会，2015年在石门、崇福等镇建立了千亩农作物秸秆全量还田示范基地。

（3）技术推动。桐乡市积极推广秸秆全量还田技术，全市超过60%的规模以上种粮户均实施了秸秆全量还田。2016年5月26日浙江省农作物秸秆综合利用现场推进会在桐乡市召开，全省各市、县（区）分管农业的政府领导和农业局局长250多人观摩了桐乡市农作物秸秆全量还田现场，极大地推进了秸秆全量还田综合利用工作。

3. 运行机制

桐乡市政府成立了由市长任组长，分管农业、环保的副市长任副组长的秸秆综合利用和禁烧工作领导小组，出台《桐乡市农作物秸秆综合利用和禁烧工作实施方案》《关于调整和完善农作物秸秆综合利用补助政策的意见（试行）》等政策，有力地推进了农作物秸秆的综合利用，极大地提高了广大粮食种植户对秸秆全量还田的积极性，保障了农作物秸秆资源化利用的技术推广和措施的落实。

（四）应用推广情况

1. 推广面积

桐乡市秸秆全量还田技术是采取农机与农艺紧密结合、大户带动散户的推广模式，突破了秸秆还田技术推广难的瓶颈。2014 年率先在农机粮油合作社和规模种粮户中建立秸秆全量还田示范点，在石门、濮院、崇福等镇的粮油农机专业合作社进行试验示范；2015 年在全市种粮大户中积极推广，推广面积达 11 万亩以上，占种粮大户总面积的 60%以上；2016 年大力推进散户农作物秸秆还田，全市秸秆全量还田推广面积达 18 万亩以上，占全市种植面积总量的 70%。

2. 效益分析

秸秆全量还田技术的经济、社会、生态、综合效益比较显著。经测定，每还田 1 000千克秸秆，相当于施尿素 14 千克、过磷酸钙 12 千克、钾肥 12 千克，节约投入成本 108 元；秸秆全量还田地块 2～3 年后，有机质增加 16%～20%、速效钾增加 15%，土质松软，土壤腐殖质增加，容重降低，通透性改善，蓄水保墒降渍能力增强，亩产量普遍提高，种植的水稻亩增产 8%，小麦亩增产 10%。按照 2015 年全市有 9 万吨稻麦秸秆实施全量还田来计算，相当于节约尿素 0.12 万吨、过磷酸钙 0.1 万吨、钾肥 0.1 万吨，节本增效 900 万元以上。目前，该市 50%的粮田土壤理化性状得到明显改善，土壤肥力得到稳定提高，极大地减轻了环境污染，保护农业生态环境，促进农业可持续发展。

（五）适宜地区

该模式适合在稻麦一年两熟制且农机化应用水平较高的地区推广。

三、利用农作物秸秆工厂化生产优质食用菌模式

（一）模式简介

本模式是利用玉米秸秆工厂化、集约化栽培食用菌的一项新技术模式。该技术模式主要以 60%玉米秸秆为主料，添加 40%木屑，通过装袋、灭菌、发酵、接菌培养等过程产出木耳，木耳袋废料可作为有机肥原料循环用于农业生产。利用作物秸秆栽培食用菌，可彻底改变资源浪费型传统农业，实现“点草成金、化害为利、变废为

宝、无废生产”的循环农业。该模式以黑龙江省望奎县为代表。

（二）模式流程

1. 模式流程

农作物秸秆工厂化生产优质食用菌模式流程如图 3-5 所示。

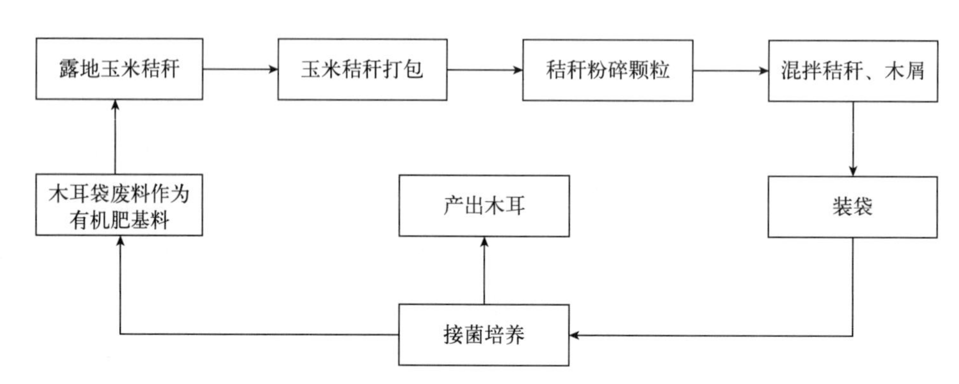

图 3-5　农作物秸秆工厂化生产优质食用菌模式流程

2. 模式实景

农作物秸秆工厂化生产优质食用菌模式实景如图 3-6 所示。

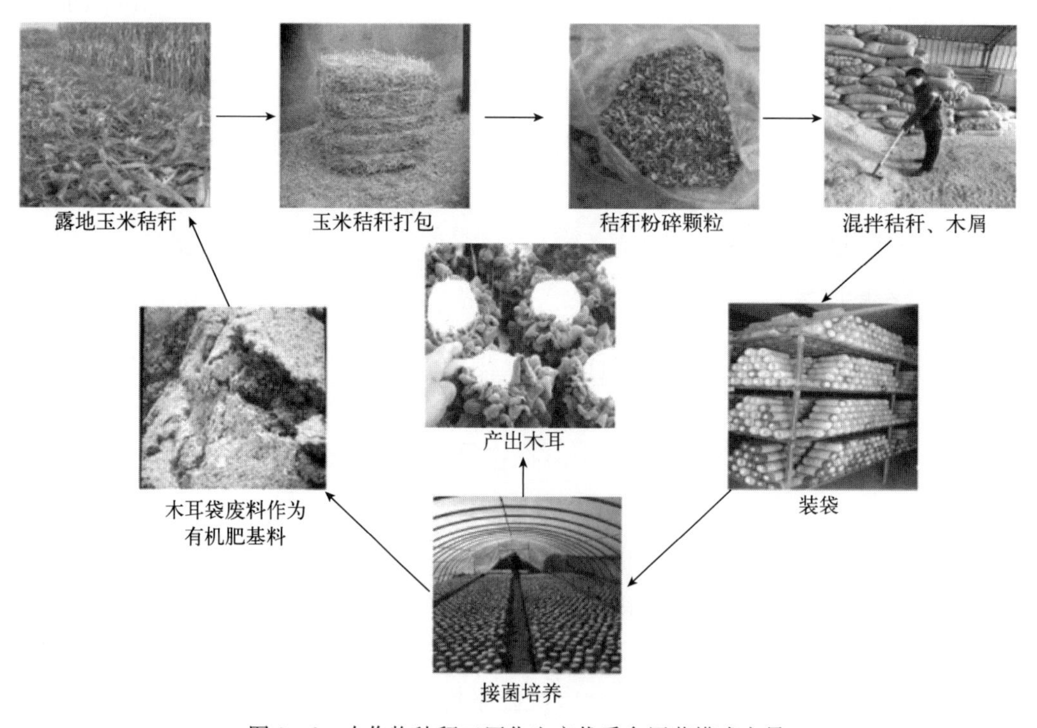

图 3-6　农作物秸秆工厂化生产优质食用菌模式实景

（三）配套措施

1. 技术体系

望奎县菌丰源食用菌种植有限公司采用国内领先的现代化成套发酵系统、自控节能高压灭菌系统、自动接种系统和自控节能的人工环境控制系统，实现农作物秸秆处理利用生产食用菌的优质、高效低成本，产品执行国家行业标准，保证产品达标。

（1）菌袋灭菌。培养料严格按秸秆与木屑 3∶2 比例配制，拌料均匀，把握水量，堆闷一夜以上，吃透水分后装袋。装入 17 厘米宽、35 厘米长的耐高温优质低压聚乙烯或聚丙烯折角袋，袋口扎紧。袋子装好后装锅灭菌，常压灭菌保持在 100 ℃以上 10 小时，闷锅 2 小时，全程防止料袋损伤。

（2）接种。接种前连带菌种、接种工具一并采取烟雾剂消毒法进行消毒灭菌，使其达到无菌状态后送入接种室内，用接种生产线进行接种，接种量每袋 5～10 克，要求操作敏捷、准确。

（3）发菌培养。接种完成后进入发菌管理期，发菌室避光通风，发菌采取加温均匀措施，注意排除二氧化碳等有害气体。保持菌丝的生长温度在 20～25 ℃。经过 45～50天菌丝长满菌袋，可移入栽培场进行出耳管理。

（4）菌袋处理。出耳前将菌袋用扎眼机进行扎眼，均匀扎出约 280 个眼，形成均匀深度 1.0 厘米、直径 0.5 厘米的小孔，满足黑木耳对氧气和水分的要求，促进耳芽的形成。

（5）子实体形成期管理。把菌袋直立排放在阳畦内，间隔 8～10 厘米，浇灌一遍透水，覆盖塑料膜，保持温度在 20～25 ℃，空气湿度 75%～90%，每天定期喷雾状水，无风的早晨或晚间通风，使料袋和地面均匀受潮，增加空气湿度，促进耳芽快速形成。

望奎县菌丰源食用菌种植有限公司处理后的菌袋见图 3－7。

图 3－7　望奎县菌丰源食用菌种植有限公司处理后的菌袋

望奎县菌丰源食用菌种植有限公司生产基地见图 3-8。

图 3-8　望奎县菌丰源食用菌种植有限公司生产基地

望奎县菌丰源食用菌种植有限公司成品黑木耳见图 3-9。

图 3-9　望奎县菌丰源食用菌种植有限公司成品黑木耳

（6）子实体生长期管理。在子实体生长迅速阶段，采用大通风、大湿度的管理办法并结合干湿交替促进耳片迅速生长，早晚各喷水 2～3 次，傍晚大通风一次，并且确保子实体有充足的光照。经过 10～15 天即可采收。

（7）采收。当耳片颜色由深褐色变为浅褐色，并充分展开，边缘有明显的起皱且变软，部分耳片腹面见到白色孢子粉时即可采收。选择晴天上午采收，以利于晒耳。

2. 政策措施

（1）加大基础设施建设力度。加大对农作物秸秆处理利用率高的企业和合作社的扶持力度，在基地井电、滴灌等设施建设上给予支持。

（2）加大政策扶持力度。县委县政府对农业废弃物处理利用好的典型企业和合作社在土地出让、用电等方面给予优惠政策，确保企业、合作社在农作物秸秆处理利用生产食用菌上真正发展壮大，保证全县农业废弃物处理利用取得成效。

（3）加大资金投入力度。加大农业废弃物处理利用好的企业和合作社资金投入力度。对望奎县菌丰源有限公司在农作物秸秆处理利用生产食用菌示范基地，给予项目资金倾斜，主要用于基地基础设施建设。

3. 运行机制

（1）集中加工且标准化。从原料装袋、灭菌到接种和培养等环节全部由菌丰源有限公司负责完成，避免农民在生产过程中因技术问题导致木耳减产、减收。

（2）培训联动机制。对农作物秸秆处理利用生产食用菌的农户实行生产管理、采摘、晾晒等一系列环节给予服务指导，确保木耳生产安全。

（3）利益联结机制。贫困户在公司务工的工资高于一般户10%以上，对贫困户进行木耳生产的给予点对点技术指导，每个菌袋低于市场价0.1元让利给贫困户，贫困户种植1亩地木耳年可收入1.6万元，可实现当年脱贫。

（四）应用推广情况

以黑龙江省望奎县菌丰源食用菌种植有限公司为依托，重点打造先锋镇先锋村、厢白四村，火箭镇厢红三村、白三村、通江镇坤南村木耳高标准生产基地，基地面积2 000亩，带动全县木耳生产基地2 500亩。大力推进火箭镇、先锋镇、东郊镇、通江镇四大农作物秸秆处理利用生产食用菌基地建设，构建集标准化生产、集约化育苗、节水灌溉、农田输变电、道路工程为一体的示范园区。真正起到示范引带作用，发挥品质优势，提升竞争力。年生产木耳500吨，加工后产值可达6 000万元，效益2 700万元。种植农户分布到6个乡镇20多个村，真正发展成一个脱贫致富的新产业。

（五）适宜地区

昼夜温差大地区，更利于木耳生长，且木耳品质、形状、口感等更优。因此，从效益出发，该模式更适合于玉米秸秆资源丰富、昼夜温差大的地区。

四、尾菜饲料化种养循环利用模式

（一）模式简介

该模式以“减量化、资源化、再循环”为原则，针对蔬菜生产与流通环节所产生的尾菜，将其经过乳酸菌的厌氧发酵作用制作青贮饲料，用制作的饲料饲喂畜禽，产生的畜禽粪便经过发酵腐解后制成有机肥料还田，实现废弃物种养循环利用。该模式以甘肃省永靖县为代表。

该模式的主要特点是：①机械化程度较高，可适应大量尾菜处理要求。②技术工艺较为成熟，已制订了操作规程。③青贮原料经4～6周的密闭发酵后便可用于饲喂，且饲料保存时间长。④青贮饲料安全可靠、营养丰富、适口性好。⑤实现种养一体化，对循环过程中各个环节产生的农业废弃物进行了充分利用。

（二）模式流程

1. 模式流程（图3-10）

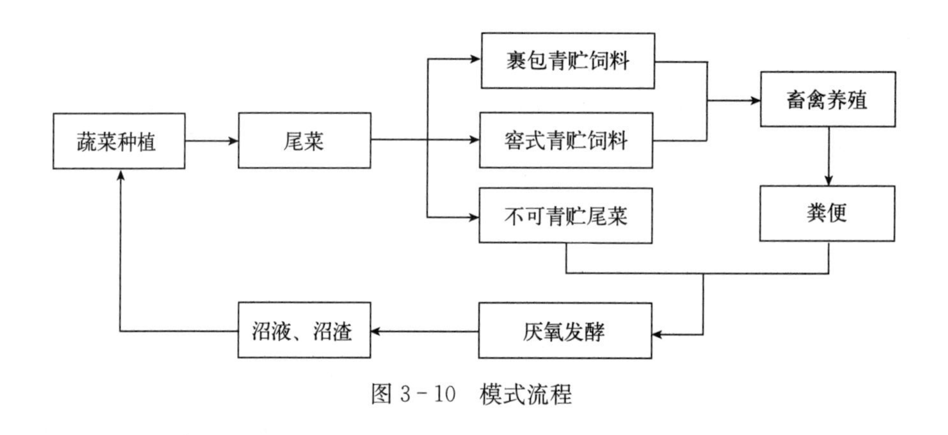

图3-10　模式流程

2. 模式实景

裹包式青贮饲料制作流程见图3-11。

窖式青贮饲料制作流程见图3-12。

（三）配套措施

1. 技术体系

该模式主要采用裹包式青贮技术和窖式青贮技术，它们共同的核心技术是青贮乳酸发酵，即在密封的状态下，利用乳酸菌对饲料原料进行发酵，产生大量乳酸，使青贮物料中的pH下降到3.8～4.2，从而抑制有害菌生长，达到长期保存青贮饲料营养特性的

图 3-11　裹包式青贮饲料制作流程

目的。总结形成了《尾菜和小麦秸秆生产青贮饲料的工艺》(专利号：201310494550.9)、《花椰菜茎叶青贮饲料操作技术规程》。

该模式两种青贮技术要点如下：

(1) 裹包式青贮技术。将调制好的青贮原料用打捆机进行高密度压实打捆，然后通过裹包机用拉伸膜包裹起来，从而创造一个厌氧的发酵环境，最终完成乳酸发酵过程。具体是将新鲜花椰菜茎叶和风干玉米芯按照质量比 7∶3 混合，添加青贮剂（酶制剂、乳酸菌剂），用 TMR 饲料全混合日粮制备机混合调制（8～10 分钟），高密度压实打捆裹膜后，发酵 4～6 周，即可饲喂畜禽。

(2) 窖式青贮技术。选择地势高、向阳、土质坚实、地下水位低、排水容易、周围无污染并远离水塘、粪池的地方，下挖青贮设施，长度不限，宽度与深度比为 1∶1.5或 1∶2。将尾菜和秸秆按质量比 4∶1 混合，添加 4%的玉米粉、0.2%发酵菌剂后，填入青贮窖，装至高出窖口 30～40 厘米后铺青贮专用膜盖严封窖，再培 40 厘

图 3-12 窖式青贮饲料制作流程

米厚的湿土，覆土面积应超过窖边 40 厘米，踏实并使表面光滑。发酵贮存 4～6 周后可启用喂食。

2. 政策措施

2011 年，甘肃省人民政府印发了《关于加强尾菜处理利用工作的意见》，为全省尾菜处理利用工作指明了方向。2014—2016 年，尾菜处理利用工作连续 3 年被写入省委 1 号文件，并被列为省政府重点工作，甘肃省农牧厅也将此项工作纳入了与各市州农牧部门签订的目标责任书之中，将其与发展蔬菜产业相结合，同安排、同部署、同检查、同落实，为开展尾菜处理利用提供了良好的工作环境。

2012—2016 年，甘肃省财政每年安排 1 000 万元专项资金，用于开展尾菜处理利用。2013—2016 年，农业部在甘肃省连续实施蔬菜清洁生产技术示范项目。永靖县于 2016 年实施了农业部畜禽养殖业清洁生产技术示范项目。

3. 运行机制

通过省、市、县三级农业环保机构联动，推动各项技术政策落地。省级农业环保机构主要负责政策设计、技术标准制定、资金分配、考核监管，市级农业环保机构主要负责协调督查、技术培训、模式推广，县级农业环保站主要负责技术示范、模式探索、项目落实。同时，通过集合省内相关领域知名专家，组建成立省级尾菜处理利用专家组，搭建了尾菜处理利用科技交流平台，有力强化了行业监管、项目实施、推广服务等方面的技术支撑，有效解决了各地在技术模式运用中遇到的技术性难题。

（四）应用推广情况

该模式技术、设备、工艺较为成熟，配套政策较为完善，运行机制基本健全，推广应用可靠性高。近几年，通过持续开展技术培训、举办现场观摩会、召开项目交流总结会等，对该模式进行了大力推广。目前，已推广至甘肃省农牧结合典型地区，如兰州市榆中县、张掖市甘州区、天水市麦积区等地，推广面积约 80 万亩。

通过该模式的推广，在推广区域产生了显著的生态、经济和社会效益。一方面，变尾菜的“废”为青贮饲料的“宝”，有效遏制了尾菜造成的环境污染问题，减轻了农业生态环境压力，辐射带动 2015 年甘肃省尾菜处理利用率达到了 31.3%，对促进蔬菜产业绿色健康发展具有重要的支撑和推进作用。另一方面，利用尾菜制成的青贮饲料适口性好、营养价值较高，可以为养殖企业节约饲料成本，带来更大的利润空间，同时拓宽了养殖饲料来源，对解决冬季饲料短缺问题也发挥了积极作用。此外，随着该项技术模式的不断推广，广大农民群众对尾菜处理利用重要性的认识得到显著提升，参与蔬菜清洁生产的积极性和主动性得到明显增强，尾菜资源化处理利用的公众参与程度不断提高。

（五）适宜地区

该模式适宜在农牧结合区域实施，尤其是蔬菜种植和畜禽养殖发展均衡、大力发展节粮型畜牧业或者饲草料资源相对短缺的地区。该模式主要针对十字花科甘蓝类尾菜的饲料化循环利用，其他蔬菜种类则根据含水率对制作工艺做适当调整。由于青贮饲料最适合饲喂牛、羊等草食家畜，区域内如果有规模化的牛、羊养殖企业最佳。

五、棉秆膨化发酵饲料综合利用模式

（一）模式简介

利用棉秆粉碎分离机与棉秆皮、棉秆芯分离机专利设备，分离出棉秆芯、棉秆皮、碎屑、杂质；再将棉秆皮、棉秆芯利用物理提纯，得到棉秆纤维，用于工业造纸；棉秆皮、棉秆芯未分离的棉秆碎屑经过高温高压技术脱毒膨化技术，得到优质的棉秆膨化发酵饲料。优质的棉秆膨化发酵饲料，不但提高了饲用价值，而且不容易腐败，可以长期贮存，用其饲喂反刍动物不仅能提高动物消化吸收率和免疫力，还能减少动物肠道疾病。该模式以新疆弘瑞达纤维有限公司为代表。

（二）模式流程

1. 模式流程（图 3－13）

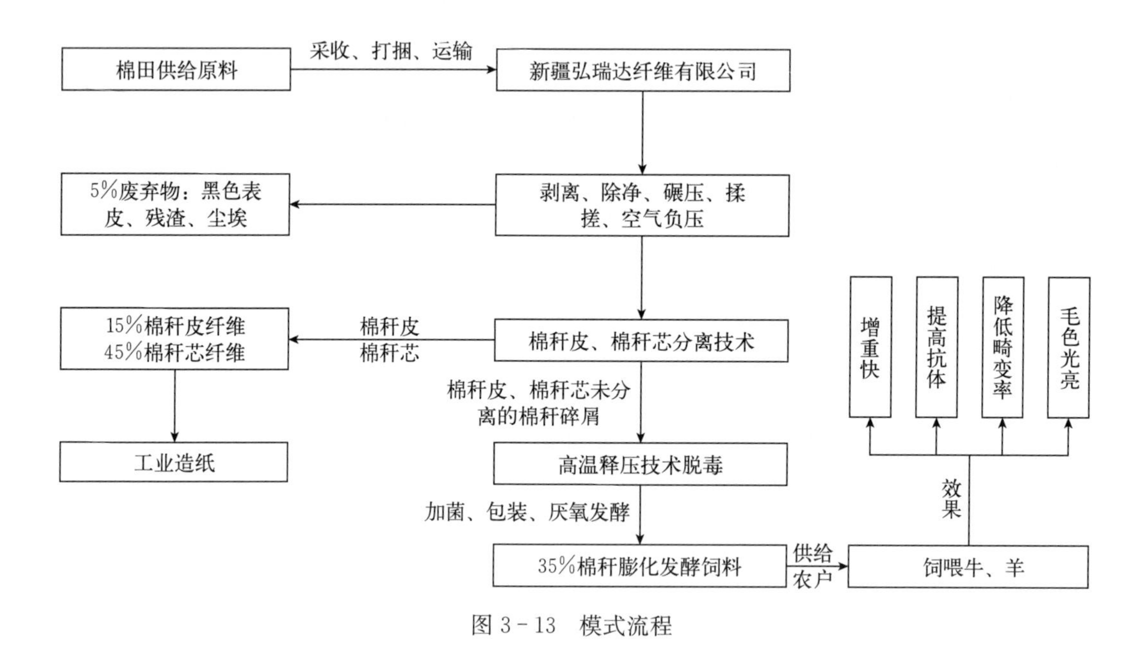

图 3－13　模式流程

2. 模式实景（图 3－14）

（三）配套措施

1. 技术体系

本模式依据分析棉秆的结构、形态与棉秆的物理化学性质，研发出棉秆皮、棉秆芯分离技术和棉秆膨化脱毒专利技术。

（1）棉秆皮、棉秆芯分离技术。技术路线简述：棉秆经过粉碎、揉搓等物理处理，分离出棉秆芯、棉秆皮、碎屑（如细枝、棉桃、叶等）、杂质（如地膜残留物、尘土等）；棉秆芯、棉秆皮提取纤维用于工业造纸、纺织；把棉秆皮、棉秆芯未分离的细枝、棉桃、叶归入饲料原料货仓，用于膨化饲料生产。由此，实现了棉秆全量化利用，做到清洁、绿色和科技创新。

（2）棉秆饲料膨化技术。技术路线：将饲料原料置于秸秆膨化脱糖脱毒机中，物

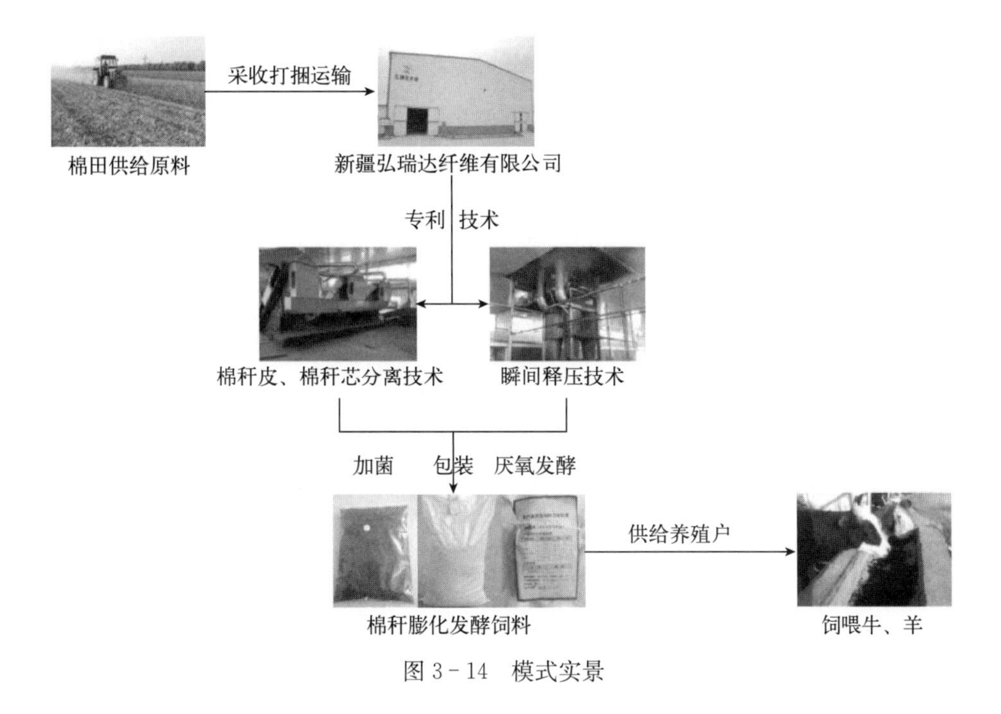

图 3-14　模式实景

料在膨化脱糖脱毒机中经受高温高压，使物料纤维细胞间木质素溶解，氢链断裂，纤维结晶度降低。制成饲料中的营养物更易于牛、羊吸收转化，提高家畜对秸秆饲料的采食量和吸收消化率。

棉秆饲料制作工艺流程见图 3-15。

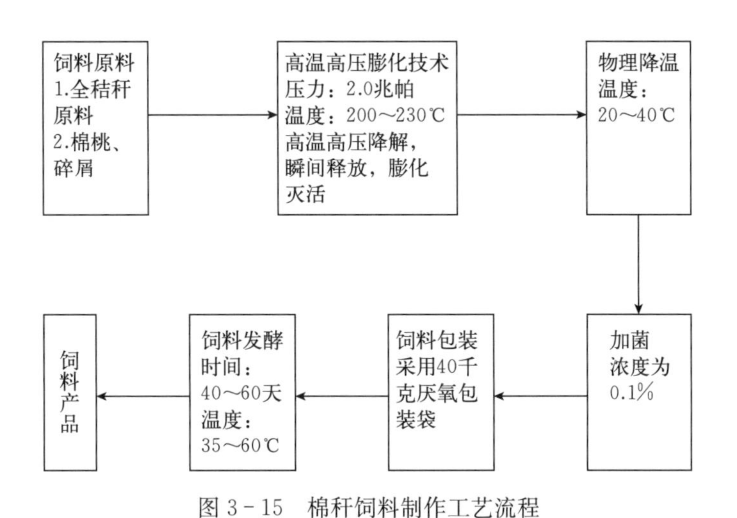

图 3-15　棉秆饲料制作工艺流程

（3）袋内厌氧发酵技术。使用袋内厌氧发酵技术，生产醇香、适口性好的饲草料。

2. 政策措施

（1）强化技术支持。近年来，各级党政因地制宜，强化科技投入，加快推进棉花秸秆资源综合利用饲料化技术，积极探索农业可再生资源新模式，新疆弘瑞达纤维有限公司经过多年科技攻关，在棉花秸秆综合利用饲料化技术方面取得了明显成效，引起了新疆维吾尔自治区政府的高度关注。按照政府批示精神，由新疆弘瑞达纤维有限公司作为项目承担单位牵头，组织生产企业和新疆农业大学、新疆农业科学院、新疆畜牧科学院具体实施，计划用3年的时间建立棉花秸秆饲料化技术标准体系和产业化规程，辐射带动全疆全面开发利用棉花秸秆资源，推进棉花秸秆开发利用产业化。

（2）加大财政补贴力度。2013年11月，新疆维吾尔自治区党委、人民政府出台了《关于加快肉羊肉牛产业发展的意见》（新政发〔2013〕94号），要求大力发展饲草料产业，加大秸秆颗粒配合饲料推广，决定从2014年起，自治区财政每年拿出4 000万元，对区内饲草料加工企业、草畜联营合作社、规模化养殖场及农牧场生产销售或自产自用的颗粒配合饲料，按每千克给予0.1元加工费补贴，每年补贴40万吨。在国家农机补贴基础上，鼓励各地出台畜牧业机械购置地方财政再补贴政策，提高饲草收储、粉碎、秸秆颗粒加工制作等机械的补贴比例。

3. 运行机制

本项目由一批学术造诣深厚、经验丰富的知名专家牵头，组织一批青年学者共同完成。其中主管单位为新疆弘瑞达纤维有限公司，新疆农业大学、新疆农业科学院、新疆畜牧科学院负责技术指导，并有专人负责工程监管，同时负责原料运输、工程运行维护、产品质量检测等。

（四）应用推广情况

1. 推广区域

该模式产品主要销往巴州八县一市、叶城、喀什、和田、库车、新河等地，公司主要客户为大型养殖场及养殖数达1 000头以上的养殖户。

2. 推广成效

每条生产线可提供60个人的就业岗位。以年综合利用2万吨棉花秸秆为例，以250千克/亩秸秆计算，相当于收购8万亩地的秸秆，可为农民直接增收560万元（每亩增收70元）。生产饲料2.8万吨，可解决1.2万只羊全年的饲草料，为牧民增收提供保障。

（五）适宜地区

该模式适宜在我国棉花主产区推广。

六、秸秆清洁制浆造纸及生产黄腐酸肥料循环利用模式

（一）模式简介

该模式是以秸秆资源高值化深度利用为核心的新型农业与加工业结合的循环经济模式。从小麦、玉米、水稻等农作物秸秆中分离出黄腐酸和纤维素，黄腐酸用于生产系列高端肥料返还农田，纤维素用于生产系列高档本色纸制品或乙醇，该模式将秸秆资源"肥料化"与"原料化"组合利用，实现秸秆资源利用的高值化。该模式以泉林集团有限公司为代表。

（二）模式流程

秸秆制浆造纸循环利用流程见图 3－16。

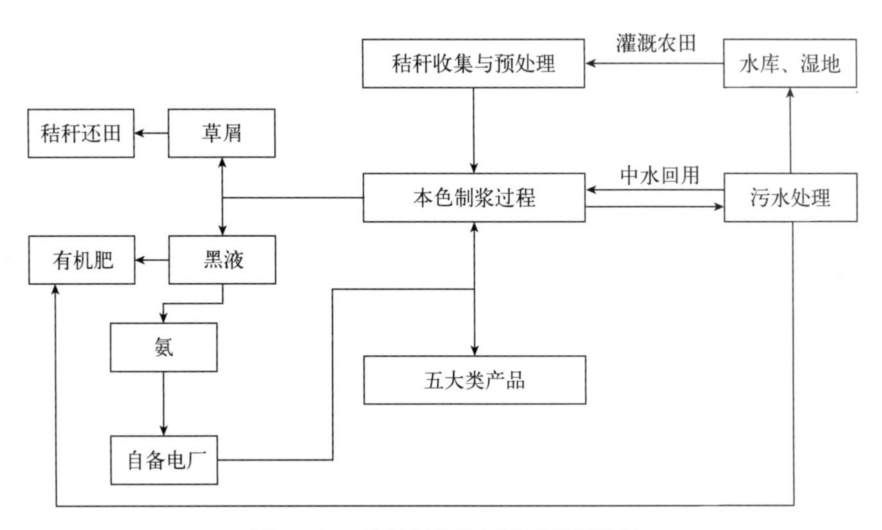

图 3－16　秸秆制浆造纸循环利用流程

秸秆制浆造纸循环利用模式产品产出结构见图 3－17。

生产产品实景见图 3－18。

（三）配套措施

1. 技术体系

该技术体系主要是以"草浆置换蒸煮技术"为核心的"秸秆清洁制浆技术"，具有以下特点：①备料工段运用锤式破碎机和圆筒筛相结合对麦草进行除尘、除杂，提高备料的除尘、除杂率，从源头上控制蒸煮黑液的黏度；②蒸煮采用新亚铵置换立式连续蒸煮制浆工艺，提高成浆的质量和得率；③优化了黑液的提取，提高了黑液提取

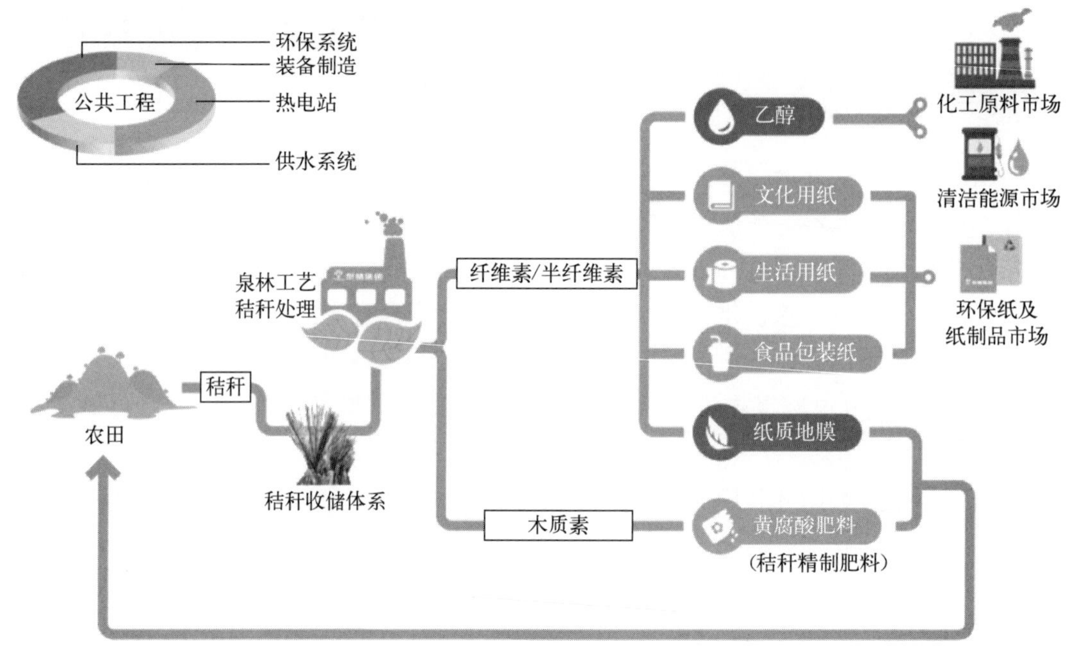

图 3－17　秸秆制浆造纸循环利用模式产品产出结构

图 3－18　生产产品实景

率；④麦草蒸煮后，采用氧脱木素技术，进一步脱除木素，提高成浆的质量，同时也使成浆的白度更接近木浆标准。另外，氧脱木素技术可以减少或不使用漂白化学品，消除废水中可吸附有机氯化物的产生，以此降低对环境的影响。

2. 政策措施

在推动产业发展方面，山东省发展和改革委员会结合泉林项目成立投资基金，支持泉林以山东省为基地的秸秆黄腐酸精肥还田战略性新兴产业发展，同时联系国家发展和改革委员会、财政部、生态环境部等对口部门多介入泉林项目，为企业争取更好的政策环境。国家市场监督管理总局将泉林集团本色文化用纸、生活用纸、食品包装纸、环保餐盒、黄腐酸系列肥料共 8 项产品列入生态原产地产品保护名单。

在肥料推广方面，由山东省农业厅牵头组织开展重点课题研究或技术鉴定，重点关注黄腐酸肥料生产与应用对环境、农产品品质和产量影响与效果，研究政策对接点，利用好国家农业补贴政策，加大泉林黄腐酸肥料在政府层面的宣传推广力度。

在企业发展资金支持方面，山东省政府邀请中投公司、中国农业银行领导到泉林现场考察，与泉林探讨开展多方面战略合作，并创造条件实现企业尽快上市。2017年1月，泉林集团与香港新恒基国际（集团）有限公司、华融天泽投资有限公司达成战略合作并签署战略合作协议。

3. 运行机制

（1）坚持平台建设先行。泉林集团坚持平台建设先行的创新思路，在业内较早成立了企业技术研发中心，并于2007年被认定为国家级企业技术中心。企业技术中心主任由公司总经理兼任，下设浆纸科研所、环保科研所、技术工程部等11个专业研发部门。配备专职研发人员，与中国农业科学院、美国北卡罗来纳州立大学、中国制浆造纸研究院、北京林业大学、中国农业大学等国内外科研院所建立技术合作关系，聘请专职、兼职专家实施技术研发指导，组建了以企业自有专业技术人才和外聘专家组成的综合性技术研发队伍，为技术研发的顺利开展提供了良好的智力支持。

（2）注重核心技术研发。泉林集团有限公司制订了关键技术研发计划。截至目前，已拥有授权专利186项，覆盖了秸秆制浆、纸制品、肥料，以及环保、热电铵法脱硫链和相关装备制造等与秸秆制浆造纸循环经济产业有重要关联的领域；完成20余项科技成果验收鉴定，5项技术获得国际领先技术成果鉴定，开发了30余种新产品，被认定的国家重点新产品2个，获省部级以上奖项5个，其中“秸秆清洁制浆及其废液肥料资源化利用新技术”荣获2012年度国家技术发明二等奖。

（3）积极参与标准制定。近年来，泉林集团先后参与或主持了包括“纸和纸板亮度（白度）最高限量”在内的3项国家标准的制定和8项行业标准制定，还包括“本色化学草浆”“本色生活用纸”在内的8项环境友好型产品地方标准制定工作。目前，正在环保部的推动下，积极参与“本色生活用纸”“本色文化纸”等四大类本色系列产品国家环境标志产品标准的制定工作。公司将与全国印刷标准化技术委员会共同研究制定或修订中国秸秆本色环保印刷材料方面的相关标准，推动秸秆本色环保印刷材料标准的推广和应用工作。

（4）积极破解收储运难题。为保障麦草原料的供应，泉林集团有限公司自主研发了秸秆自动捡拾打捆机，并积极向产麦区推广使用。收割时将打捆机与收割机配套使用，粮食收割脱粒后，能够自动、连续完成麦草打捆的工序。另外，泉林集团有限公司制定了一系列的措施，包括肥料换秸秆或给予农民收购补贴等，以鼓励农民回收和出售秸秆；由于粮食收割有季节性，秸秆的储存要一年的周期，储存占地面积很大，为解决秸秆的储存问题，泉林集团有限公司通过在村镇建设布点，建立了“企业＋乡镇收储中心＋村级作业点＋农户”四位一体的秸秆收储网络，实现了秸秆原料按照生产需求的计划性调拨，减轻了企业压力，最终实现公司以秸秆收储为切入点与“三农”的全面对接。

（四）应用推广情况

1. 推广区域

按照目前泉林集团有限公司的制浆产能，每年需要大约200万吨的秸秆，其秸秆的收购已经辐射半径600千米范围的山东、江苏、河北、河南等省份。与此同时，泉林集团有限公司依托企业技术优势，积极拓展“泉林模式”在秸秆资源丰富地区的整体复制。2017年5月，黑龙江泉林一期项目实现热电厂、环保、制浆、肥料、纸机五大主体车间的全线贯通投产。

2. 推广效益

减少木材消耗，保护森林资源，有力推动碳减排，带动上下游相关产业发展，创造更大市场空间。一是催生秸秆收购业，将会带动秸秆收储和运输物流业发展，吸纳农村富余劳动力，实现农民“不离乡、不离土”致富。二是增加农民收入。秸秆成为商品，按每亩秸秆可收储量240千克，每吨秸秆价格600元计，折合144元/亩。三是带动秸秆制浆造纸相关装备制造业发展。带动适合秸秆制浆造纸的制浆装备、造纸装备、食品包装盒装备、热电脱硫装备、肥料装备、环保处理装备等相关装备制造业的发展，实现秸秆制浆造纸相关装备国产化。

从秸秆制浆剩余物中提取黄腐酸，开发黄腐酸肥料产品，生态效益和经济效益显著。黄腐酸肥料产品具有提高地力、提高品质、提高产量、减少化肥及农药使用量的显著效果。2014年10月，在湖南水稻研究中心“三一粮食丰产工程”水稻试验田，泉林集团有限公司黄腐酸肥料产品使试验田在原有高产的基础上又实现了8.9%增产率，袁隆平院士给予“泉林助力中国农业”的高度评价。

减少固体和液体废弃物排放，减少水资源消耗。用处理制浆造纸废水过程中产生的生物质污泥和制浆备料工序产生的草屑、麦糠等与有机肥生产线产生的污冷凝水混合，可生产高效的花卉生长基质，减少固体废弃物的排放。为减少生产清水用量和废水产生量，泉林集团有限公司利用超效浅层气浮工艺实施白水回收，最大限度地实现了生产过程白水的回用。经过中段水综合处理后的水部分回用于生产过程，剩余部分达标排放，可用于农田灌溉和林木种植。目前公司每吨本色草浆的耗水量为20～30米^3。

（五）适宜地区

该模式适宜在国内秸秆富产区推广。

七、区域秸秆利用整县推进模式

（一）模式简介

区域秸秆利用整县推进模式为探索建立的一种区域秸秆全量处理利用模式，该模式以秸秆机械化还田等肥料化利用和秸秆作为燃料等能源化利用为主导，以秸秆基料化、原料化和饲料化利用为辅助（即秸秆“两主三辅”），配套相关政策与运行机制，整体推进全县秸秆全量处理利用工作。该模式以江苏海安县为代表。

（二）模式流程

1. 秸秆利用整县推进模式流程（图3-19）

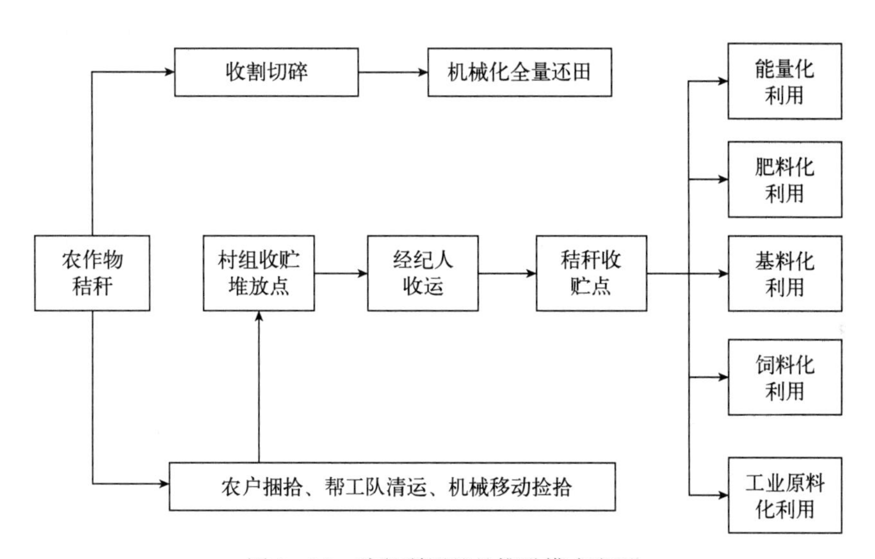

图3-19　秸秆利用整县推进模式流程

2. 秸秆利用整县推进模式流程实景（图3-20）

（三）配套措施

1. 技术体系

主要技术路线是：机械收割→田间收集→田间堆放→秸秆运输→秸秆收购→秸秆储存→秸秆粉碎→秸秆固化成型→成品存储→链式锅炉燃烧。

（1）机械收割。使用半喂入联合收割机收获稻麦，稻麦收割后平铺在田间，便于风干及收集。

（2）田间收集、堆放、运输。稻麦收割后秸秆可用人工收集或机械化收集，小田块采用人工收集，大田块可用机械收集并打捆，这样既可减少运输成本，也有利于秸

图 3-20 秸秆利用整县推进模式流程实景

秆风干，还可节约集中堆放场地。乡镇收集采用小型车辆运输，到中转场后，使用大型车辆运输。

（3）秸秆收购。秸秆能源化利用最难的环节是收购，建立集中收购点常年收购，培育秸秆经纪人到农户家根据市场需求收购，有效地解决了收购问题。目前全县有秸秆经纪人近 500 名，全年秸秆收购 20 多万吨。

（4）秸秆储存。收购秸秆后集中堆放储存，堆放点底层架空，可防潮、防自燃并风干秸秆。场地建设必须为水泥硬质路面，便于抓草机操作，排水系统、消防系统须完善，收购时对秸秆水分严格把关，堆放呈“尖”字形，现场须 24 小时有人监管，每 2～3 个草堆间隔 5 米以上。

（5）秸秆粉碎、固化成型、存储。秸秆加工前须对秸秆进行粉碎，同时控制与调节含水量为 15%～25%，并由传输设备、制粒设备、冷却设备、称重计量设备、包装设备等形成生产线，以提高效率。

（6）链式锅炉燃烧。将秸秆加工为成型燃料以取代煤炭燃烧。经多年试验，对生物质锅炉改造，增加上料吊机，并对进料口、二次送风、顶部空压机吹灰、水膜水浴除尘等设备进行了改造，改造后的锅炉可以直接使用生物质成型燃料燃烧，经水膜处理后排放物完全符合环保标准，是被认可的现代化清洁燃料。锅炉使用试验表明，现有的燃煤锅炉经改造后完全适应生物质燃料，无需更换锅炉。

2. 政策措施

（1）秸秆还田补贴。海安县对实施机械化全量还田的农机服务组织，按第三方核查的作业面积，补贴 20 元/亩。县财政对当年新购 50 马力以上 75 马力以下且还田面积在 200 亩以上的大中型拖拉机配套秸秆还田机械，给予作业补助 3 000 元；对当年新购 75 马力以上且还田面积 250 亩以上的大中型拖拉机配套秸秆还田机械，给予作业补助 5 000 元。

（2）秸秆收储补贴。对本县境内从事秸秆多途径利用的企业或个人（含常年使用秸秆或秸秆颗粒替代煤炭的企业），全年收贮利用本地秸秆量达 1 000 吨以上的补贴 8 元/吨。对使用田间打捆机械且作业面积达 400 亩以上的购买人补贴 4 000 元。

（3）秸秆固化成型燃料利用补贴。对各秸秆能源化利用点加工秸秆固化成型颗粒补贴 30 元/吨；对当年新购且制粒 100 吨以上的移动式秸秆固化成型成套设备，每台套给予购买人 5 000 元补贴；对当年新购全自动草绳机且全年消耗秸秆 10 吨以上的，每台套给予购买人补贴 4 000 元。

3. 运行机制

（1）加强宣传发动，确保培训造势到位。海安县组建了秸秆综合利用和禁烧、禁抛宣传工作组，营造广泛有力的宣传发动阵势。利用海安县内广播、电视等宣传媒体，大力进行法律、法规的政策宣传，使得秸秆禁烧、禁抛、综合利用的重要性和必要性妇孺皆知。

（2）加强考核促动，强化组织领导到位。县政府成立了以分管县长为组长，农委、农机、财政、环保、发展和改革委员会等部门负责人为成员的工作班子。多次召集会议研究布置，狠抓各项措施的落实，印发工作方案，出台考核及奖励办法。

（3）加强政策拉动，保证资金补助到位。海安县政府出台了《关于农作物秸秆禁烧禁抛与综合利用工作方案》，江苏省切块资金 1 200 多万元，1 000 万元用于机械化还田，还有 200 多万元，用于多种形式利用。

（4）加强典型带动，实现示范普及到位。县内秸秆燃烧集中供热、秸秆固化成型燃料产业比较成熟，通过政府提供补贴等经济激励政策，已初步实现了产业化应用。

（四）应用推广情况

1. 推广规模

县域内建有年收储规模在 1 000 吨以上的收储点 36 处，拥有秸秆收储场地 361 亩，建有附属用房 5 080 米^2、厂房 2.55 万米^2、大棚 1.22 万米^2，配置固定式、移动式秸秆打包机 93 台；抓草、夹包机 29 台，输送机 35 台，行车及吊机 20 台，地磅 45 台，建有秸秆固化成型点 6 处，配有粉碎机 23 台、固化成型设备 25 台。海安县常年投产大中拖及配套秸秆还田机 560 台套，与小拖配套的秸秆还田机有 3 900 台套，全年秸秆全量还田达 21.2 万吨。

2. 推广效益

从经济效益来看，全县目前收储秸秆近30万吨，按每吨400元算，产值高达1.2亿元，是真正的变废为宝；从环境效益来看，可以充分利用富余的秸秆资源，减少露天焚烧秸秆所带来的大气污染，通过秸秆综合利用特别是替代煤炭使用，减少二氧化硫排放近30万吨；从社会效益来看，全县秸秆综合利用带动了近2 000人的就业，解决了偏远农村的就业问题。

（五）适宜地区

该模式适宜在水稻种植面积广、稻秸秆资源丰富地区推广。需要培育相应的秸秆经纪人队伍，对现有燃煤锅炉进行改造，以实现生物质秸秆压块燃烧，此外，还需要有一定的供热供气市场需求。

第四部分　农田废旧地膜回收利用典型模式

一、玉米适期揭膜与残膜再生利用模式

（一）模式简介

选择0.01毫米以上厚度的优质地膜，以一膜双行方式铺设，覆膜作物浇过头水完成蹲苗后，采取苗期人工一次性揭膜，残膜打捆后交售到废旧地膜加工厂，生产再生颗粒。该模式以新疆新源县为代表。

（二）模式流程

1. 模式流程（图4-1）

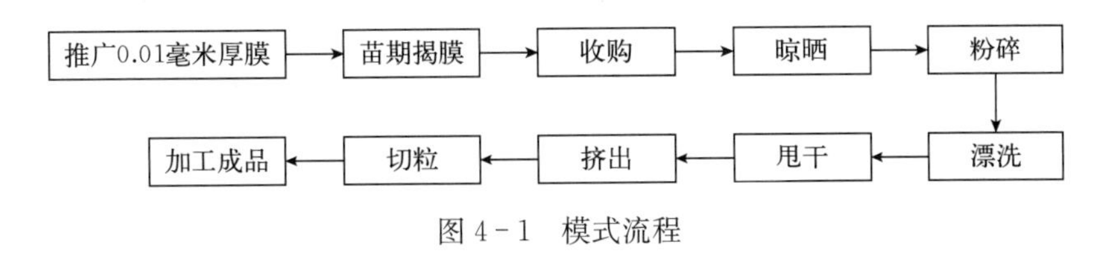

图4-1　模式流程

2. 模式实景（图4-2）

采取一膜双行铺设
0.01毫米地膜

苗期揭膜，玉米头水完成蹲苗后，
采用人工一次性揭膜，回收率可达95%以上

废旧地膜加工
再生颗粒

图4-2　模式实景

（三）配套措施

该模式在新疆新源县推广应用，新源县农作物覆膜面积20万亩，每亩农作物

覆膜用量为 4.5～5 千克，年地膜使用量在 1 000 吨左右。全县推广苗期揭膜技术回收残膜占到了全县地膜使用量的 63.7%，秋季作物收获后，全县残膜回收率达到了 92.66%。通过头水前揭膜，能够很好地保证废旧地膜质量，有效加工再生颗粒。

1. 技术体系

揭膜时间：玉米生长正常，灌头水前 3～5 天内揭膜，不得过早揭膜，以免受旱。

揭膜方式：一是人工揭膜。使用人工打造的两齿钉耙，齿距 35 厘米、齿长 10～15 厘米，手推杆长 150 厘米。将玉米行中的残膜切割并人工缠绕在两齿钉耙中轴上，手推钉耙杆前行、切割行中地膜，残膜不停缠绕于钉耙中轴，于地头人工将残膜回收，1 人 1 次回收 1 行玉米残膜。二是机械揭膜。使用机械回收器具、加密齿杆的方法进行，宽度为玉米播种的一膜幅宽。机械前行过程中，加密的中耕器划开、搂起残膜，每行进 30～50 米，人工集中回收残膜 1 次，1 机 1 次可回收 2～4 行玉米残膜。

处置要求：回收后残膜应堆放在专用场地，要求地面平整、干净，注意防火、防风、防水。

2. 政策措施

新源县农业清洁生产废旧地膜回收利用项目建成后，全面推广了苗期头水揭膜技术，厚膜的回收率可以达到 95%以上，企业以每立方米 220 元的价格回收残膜（相当于每千克 3.2 元），每亩地残膜可实现利润 15 元左右，1 个劳动力每天可揭膜 15～20 亩，每天可实现利润 225～300 元。

在政策财政补贴项目中，通过采取残膜回收率达标后再核查的办法督促农业生产经营者回收残膜。残膜回收不达标的地块不予核查补贴，接到申请复核的电话后，再次进行实地查勘，确认残膜回收率达到 90%以上予以验收并发放补贴确认函。

3. 运行机制

建立以企业为龙头，农户参与，市场化推进，财政补助，县、乡政府监管的废旧地膜回收利用机制，提高废旧地膜回收利用率。成立县、乡农业清洁生产及能源循环使用的组织机构并落实工作经费，确保该项工作有专人负责、专人管理，并将此项工作列入县直有关单位和各乡镇绩效考核目标，从而形成“自上而下，齐抓共管”全社会共同关注农业清洁生产的良好局面。

（四）应用推广情况

该模式已在新源县县域内全部推广，面积占到了全县农作物覆膜面积的 93%，达到了 15.6 万亩。覆膜可使农作物亩增产 10%～30%，亩效益增加 150～450 元；推广 0.01 毫米农用厚膜，每亩地地膜使用量在 4.7 千克左右，较 0.008 毫米地膜亩使用量增加 1 千克左右，每亩地增加成本 13 元。0.008 毫米地膜回收率一般在 40%，而 0.01 毫米地膜回收率可以达到 95%以上，每千克残膜回收价格按 3.2 元计算，使用 0.01 毫米地膜每亩地可增加回收效益 15 元。由此可见，推广 0.01 毫米地膜配套残膜回收机制后，不但不会增加成本，而且会降低生产成本，并增加农作物产量。同时，因推广 0.01 毫米地膜及苗期揭膜，残膜回收率可高达 95%以上，可以有效解决农业生产的“白色污染”问题。

（五）适宜地区

该技术模式适宜于海拔 1 300 米以上、年降水量在 800 毫米、平均气温 6～10 ℃、年积温在 2 700 ℃以上、无霜区在 140 天以上的半干旱地区。

二、农田残膜机械回收与加工成品模式

（一）模式简介

模式基本思路为“政府倡导、企业带动、网点回收、群众参与”，以个体投入为主，政府扶持为辅，建立龙头企业加工利用，回收网点积极收集，广大农户捡拾交收的废旧农膜回收利用市场化运作体系。通过调整种植结构推进地膜减量化，并积极推广标准化地膜。建立完善的回收网络，通过机械化和人工联合捡拾方式回收，企业将残膜加工成再生颗粒生产滴管带。该模式以察布查尔锡伯自治县为代表。政府通过招商引资，伊犁苏泰宇慧节水技术推广有限公司入驻该县工业园区，建设了地膜回收与综合利用农业清洁生产加工区，在县乡地方政府的重视下，协助企业建立 5 个基层地膜回收站，使回收地膜与加工相结合。

（二）模式流程

政府引导、出台政策→调整种植结构、推进地膜减量化→推广标准化地膜→机械化＋人工联合捡拾→打包送至回收站→回收站集中送至加工企业加工→再生颗粒→生产滴管带

（三）配套措施

1. 技术体系

当年铺膜作物秋季收获后，进行机械化联合收膜作业，使残膜回收率达到 80%。对于地表残膜采取人工捡拾入箱，打包拉运至回收站，由基层回收站集中送到加工厂。对于各基层收购站运送的残膜，加工厂进行破碎、清洗、脱水、熔融，制成颗粒

状塑料。伊犁苏泰宇慧节水技术推广有限公司使用再生颗粒生产农田滴灌带等。

2. 政策措施

（1）采取政府引导、企业带动、市场运作的方式，推广应用，为公司建生产线、加工区、在5个乡镇建立回收站提供土地等方面的优惠。鼓励和引导农民回收利用地膜，对农民捡拾废旧地膜进行补贴（从2016年开始，机械回收10万亩，按照19元/亩补贴；人工回收废旧地膜26万亩，按照2.7元/千克+8元/亩劳务费的标准补贴），按照谁回收、谁受益、谁负责的原则，逐步建立废旧地膜回收利用机制。

（2）严格限制使用超薄地膜，推广新标准地膜。由县农业局负责推广0.01毫米的农田地膜。2016年新增推广地方新标准地膜面积36万亩。并对残膜回收示范园玉米、甜菜、棉花等每亩补贴3元。建设废旧地膜机械回收核心示范区面积10万亩，核心区内每亩补贴5元。

3. 运行机制

伊犁苏泰宇慧节水技术推广有限公司负责具体运行，实行独立核算，自负盈亏的管理经营模式，建立了一套科学、实惠、规范的经营机制和运行机制。县农业部门对乡镇场辖区内的生产者进行试验新标准地膜和回收残膜的组织宣传、引导；统一形成统计表格，内容包括农户、专业合作社、企业名称、地址、作物种类、播种面积、示范推广面积、补贴标准、联系方式等。

农业局组织技术员深入推广示范区对地膜覆盖、揭膜时间、地膜回收开展技术指导，为公司回收生产提供服务。

（四）应用推广情况

2013年县人民政府通过招商引资，伊犁苏泰宇慧节水技术推广有限公司入驻县工业园区后，当时公司主要生产节水灌溉产品，而产品的原料是外购的，经过县人民政府引导，建设了残膜回收加工利用生产线，产品的一大部分原料来自残膜，降低了成本，增加了效益。企业年加工废旧地膜能力达到2 300吨，新增再生颗粒1 550吨，按市价6 500元/吨计算，可实现产值1 007.5万元。

机械回收比人工回收节约成本5元/亩。示范区节约成本180万元；节约用水率按15%计算，年节约用水量2 400万元，节约成本200万元；节肥按7%计算，年节肥量4 000余吨，节约成本1 100余万。

（五）适宜地区

该模式适宜推广的区域主要在海拔400～1 200米，年降水量在300毫米左右，适宜机械化回收作业，有滴灌种植的干旱半干旱区域。

三、农田废旧地膜磨粉深加工技术模式

（一）模式简介

将回收的混杂有泥土、作物根茎的废旧地膜用地膜粉碎机直接打磨成地膜粉，装包后，销售给废旧地膜深加工企业，通过高温熔化、配料铸型，生产出适宜在市政工程中供水、供暖等使用的复合型井盖、井圈等深加工产品。该模式以甘肃省金昌市为代表。

（二）模式流程

模式流程如图 4－3 所示。

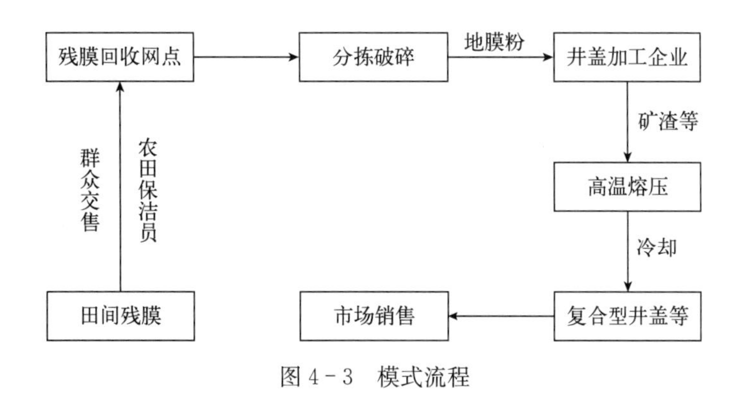

图 4－3　模式流程

（三）配套措施

1. 技术体系

废旧农膜磨粉深加工技术有效解决了废旧地膜杂质多、难以清洗造粒的难题，使含有大量杂质的地膜得到了再次利用。首先将回收的混杂有作物根茎的废旧地膜进行必要的分拣除杂，使收集物中地膜含量达到 70%以上，土壤、沙粒和根茎等其他材料含量在 30%以内，然后进行磨碎，制成地膜粉，地膜粉在设备中经过高温熔化、铸型和冷却，制成适宜在城市供水、供暖等市政工程中使用的复合型井盖、井圈和城市绿化带用的树篦子等产品。

具体操作是按照重量份数计，将废地膜粉 5～7 份、废矿渣 3～4 份、废机油 0.1～0.3份、抗老化剂 0.1～0.3 份搅拌混匀，在 165～250 ℃温度下熔融后注入模具，铸压成型，冷却后得到成品。

废旧地膜加工过程见图 4－4。

图 4-4 废旧地膜加工过程

废旧地膜加工成品见图 4-5。

图 4-5 废旧地膜加工成品

产品执行《再生树脂复合材料检查井盖》(CJ/T 121—2000)、《聚合物基复合材料检查井盖》(CJ/T 211—2005)、《聚合物基复合材料水箅》(CJ/T 212—2005)等标准。

2. 政策措施和运行机制

(1) 加强责任落实。市、县、乡镇、村四级层层签订目标责任书，将废旧农膜回收利用工作纳入政府目标责任考核，每年由市政府对各单位工作和任务完成情况进行督查考核。

(2) 优化运行机制。制定了《金昌市废旧农膜回收利用补助奖励办法》和《金昌市加强废旧农膜治理工作实施方案》，为每个村配备农田保洁员，每名农田保洁员每年补助 0.3 万元。对废旧农膜加强企业进行补助，每个企业每年补助 3 万元。对废旧农膜工作回收工作开展较好的乡镇进行奖励，每个乡镇奖励 1 万元。对废旧农膜回收机械引进进行补贴。

通过宣传动员和扶持企业建立回收网点，引导农民群众捡拾交售废旧地膜，农田保洁员将群众未捡拾干净的废旧地膜进行二次捡拾清理。回收网点将收购的废旧地膜集中后销售给加工企业，部分回收网点开展初级加工（包括分拣、打粉等）。加工企业按照相应工艺进行生产加工，制成商业产品。同时，废旧地膜回收利用工作列入金昌市各乡镇年度考核内容，明确了乡镇政府对辖区内废旧地膜回收工作的监管责任，各乡镇通过加强行政推动、协调人力物力等措施，进一步推进废旧地膜回收工作。

（3）制定黑名单制度。各级农业部门建立废旧农膜回收利用黑名单制度，将不回收承包地块废旧农膜的流转大户、专业合作社以及家庭农场等新型农业经营主体列入黑名单，不予申报省、市、区各级农业项目。对于拒不回收田间地头废旧农膜的农户，由农业执法部门按《甘肃省废旧农膜回收利用管理条例》的相关规定予以处罚。

（4）开展专项治理。组织享受省级废旧农膜回收补贴的企业开展专项治理，在金昌市各个区域建立废旧地膜回收网点。

（5）加强市场监管。2016 年，金昌市政府办公室印发了《金昌市人民政府办公厅关于禁产禁销禁用超薄地膜的通知》，采取多部门联动和定期巡查相结合的监管方式，对全市所有农资经销户进行约谈，多部门联动，针对农膜等农业投入品开展专项整治活动，重点查处在市场流通和销售厚度不符合甘肃省规定的地膜。

（四）应用推广情况

废旧农膜磨粉深加工技术已在甘肃河西片区全面推广，生产的井盖等产品营销网络遍布甘肃、新疆、宁夏、青海、内蒙古、陕西和河南 7 个省份，部分产品还远销国外，深受市场欢迎。

通过建立该技术模式，推动该市聘用农田保洁员 234 人，扶持废旧农膜回收网点 25 个，废旧农膜深加工企业 6 个，回收地膜 2 895 吨，废旧农膜回收率 79.81%，井盖等产品年直接经济效益 100 余万元，企业带动社会就业人员 100 余人，产生了良好的经济效益、社会效益和生态效益。

（五）适宜地区

从气候及土壤条件而言，废旧农膜磨粉深加工技术适宜在泥沙、秸秆等杂质含量较大、地膜可回收性较差的灌溉农业区进行推广。农业环保工作属公益性行业，需要财政资金长期大力的支持。

四、废旧农膜回收利用“6+3”运行管理模式

（一）模式简介

该模式强化 6 项措施，即发挥政策扶持效应、健全回收加工网络、坚持人机结合整治、推行农膜“以旧换新”、强化源头有效治理和加强目标责任考核，健全 3 个机制，即建立专用票据运作机制、收购补贴监督机制和回收兑付管理机制。该模式以宁夏回族自治区彭阳县为代表。

（二）模式流程

模式流程见图 4-6。

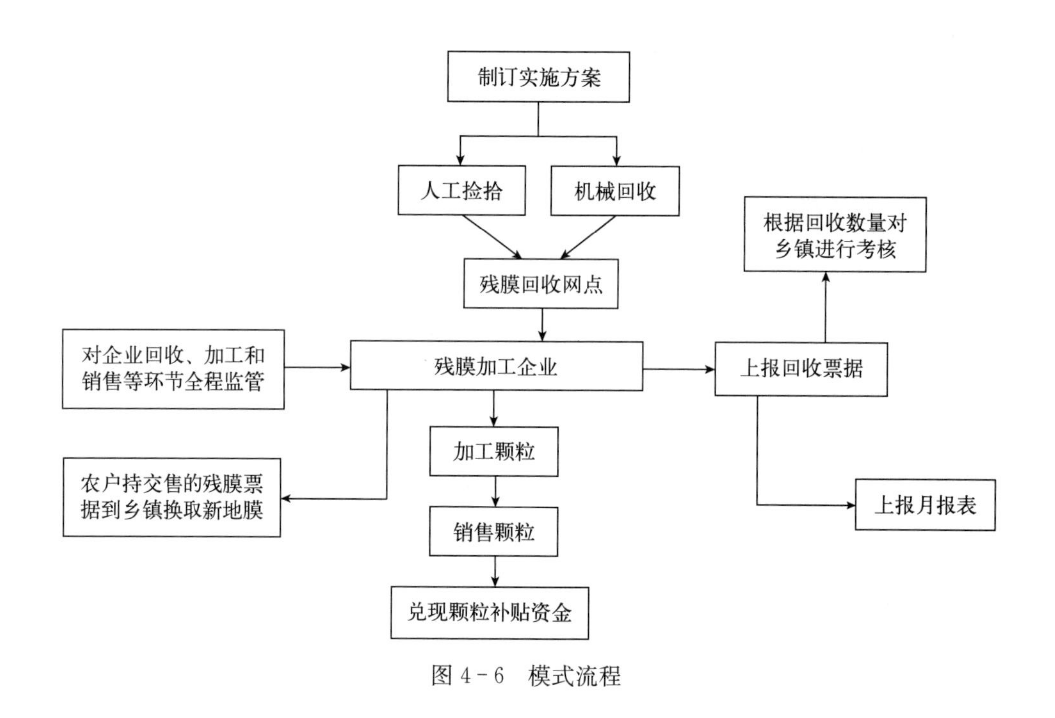

图 4-6 模式流程

（三）配套措施

1. 技术体系

为规范农田残膜机械化回收，宁夏回族自治区农机化技术推广站制定完成了《农田残膜机械化回收作业技术规程》（DB 64/T 908—2013）。该标准规定了作业条件、操作技术要求、作业质量要求及安全要求等内容。

2. 政策措施

（1）发挥政策扶持效应。彭阳县人民政府制定出台了《彭阳县农用残膜回收利用工作实施意见》（彭政办发〔2014〕53号）和《彭阳县2016年开展农用残膜污染专项整治活动实施方案》（彭政办发〔2016〕43号）等文件，对残膜回收企业采取“以奖代补”的方式支持改造升级，对农民捡拾残膜安排人工捡拾补贴经费，对参与实施残膜回收的农机作业公司、农机合作社和农机大户购买的回收机具给予补贴，对建立回收网点和乡镇实施以奖代补、安排专项工作经费，共发放各类补贴1 240万元，极大地调动了社会各方面参与残膜回收利用的积极性。

（2）健全回收加工网络。推动建立了覆盖全县12个乡镇的“企业牵头、网点回收、农户参与、政府监督、市场运作”废旧农膜回收利用体系，累计投资54万元，在覆膜面积较大的项目村扶持建立“三统一”（统一标识、统一价格和统一管理）残膜回收网点90个；投资82万元，支持县内7家残膜回收加工企业引进新设备、新技术和新工艺，改造升级作业线，企业产能达到6 000吨/年以上，年均加工回收残膜4 000吨，生产颗粒1 140吨，实现产值570万元以上。

（3）坚持人机结合整治。在发动千家万户群众参与田间地头残膜回收的同时，结合农村环境综合治理工作，在每个村庄确定1～2名农村环境保洁员，随时清理村庄、道路、沟渠、林带飘挂残膜。通过资金扶持，引进机械作业，提高回收利用率。全县共投入残膜回收机具520台，12个农机服务组织、82个农机大户、96个经纪人参与农用残膜回收与利用，年回收残膜达到4 000吨以上，形成了覆盖乡村的残膜回收网。

（4）推行地膜“以旧换新”。在全县范围内全面推行农用地膜“以旧换新”工作措施，实行覆膜与回收挂钩，以村或村民小组为单位，由乡镇指定专人配合村委会依据上年覆膜面积，按照1∶1的比例实行“以旧换新”（即：交回10千克/亩农用残膜，换取8千克/亩新膜），以“以旧换新”为撬动杠杆，引导和动员农民清理残膜，积极交售残膜，取得了很好的试验示范效果，成为彭阳县推动残膜回收利用工作的新亮点。

（5）强化源头有效治理。为增强农膜抗拉强度，保证农膜耐候期，提高残膜回收率，规定政府统一招标采购的农膜，必须是0.010～0.012毫米抗拉强度性能指标高的农膜，农牧部门结合农资市场打假，严肃查处农资市场销售的厚度小于0.010毫米农用地膜，降低了残膜回收难度。

（6）加强目标责任考核。把覆膜和残膜回收加工利用纳入全县效能目标综合考核指标体系，列入乡镇重要工作议事日程，按照“属地管理、分级负责”的原则，加强目标量化考核管理，做到指标量化到村，任务落实到户，层层签订目标责任书。县农牧部门抓住春播和秋收两个关键季节，严格督查考核，严格奖惩措施，推动残膜回收利用工作落到实处。

3. 运行机制

（1）建立专用票据运作机制。设计运用彭阳县废旧农膜回收四联专用票据，收购企业回收废膜时，统一领取加盖印章的票据，回收时向交售农户、经纪人、农机服务组织和农机户开具回收四联票据，一联由废膜回收企业留存，一联由交售者留存，一联由交售者用于领取废膜回收款，一联由残膜加工企业作为兑现补贴资金的依据。

（2）建立收购补贴监督机制。在全县残膜收购集中时段，由县农机中心向企业派驻监督员，监督农用残膜收购工作，农牧局会同财政局、审计局和监察局等部门单位，不定期深入企业、乡、村检查废膜交售和回收加工情况，定期公布废膜回收财政补贴情况，接受社会和群众监督。

（3）建立回收兑付管理机制。各乡镇严格农用残膜回收签字程序，农户必须亲自在花户表上签名盖章，作为下年度“以旧换新”的依据。同时乡、村两级经手人必须亲自签名，坚决杜绝代签、一人多签和造假等违纪、违规、违法行为发生，杜绝虚报任务完成现象，兑付补贴资金实行财政报账制和一卡通兑付，避免了挤占挪用项目资金。

（四）应用推广情况

2013 年开展农用残膜回收与加工利用工作以来，探索总结的废旧农膜“163”回收利用运行管理模式在彭阳县全面推广应用，累计回收残膜面积 106.17 万亩，回收残膜 10 617 吨，回收率达到 90%，加工颗粒 3 031 吨，农用残膜“白色污染”得到有效控制，“三无”现象得到明显改善，取得了可观的经济效益、社会效益和生态效益。

（1）促进农业增产增收。通过试验测试和效益分析。通过农田残膜回收，粮食可增产 50.84 千克/亩，实现增收 108.29 元/亩。

（2）减少作业成本。人工回收残膜效率为 2 亩/天，费用 50 元/亩；而机械回收效率为 60 亩/天，费用 25 元/亩，与人工回收相比平均每亩节省费用 25 元。

（3）残膜造粒加工生产盈利。为造粒生产企业提供原料 10 609 吨，加工颗粒 3 031吨，造粒企业平均收益 716 元/吨，企业收益 217 万元。

（4）农机作业公司创收。作业公司进行集中连片作业，既节省费用，又增加创收，平均可实现盈利 6 元/亩。

（5）农户交售残膜获利。据实际测算，每亩地可回收 10 千克残膜，造粒企业平均按 0.8 元/千克进行回收，政府补贴 0.8 元/千克，农户可获得 16 元/亩的收益。

（五）适宜地区

彭阳县废旧农膜回收利用“163”运行管理模式适宜在旱作覆膜种植地区全面

推广。

残膜回收机进行废旧地膜回收见图 4－7。

图 4－7　残膜回收机进行废旧地膜回收

第五部分　病死畜禽处理典型模式

一、“公司+农户”病死畜禽集约化处理模式

（一）模式简介

建设区域病死畜禽无害化处理中心，通过收集、运输，集中处理来自半径25千米区域内的所有规模或农户养殖场的病死畜禽，形成一个分散收集、集中无害化处理的系统，该系统将病死畜禽进行高温生物降解，实现无害化，处理产物由具备有机肥生产资质的公司统一回收，加工成生物有机肥料，最终归还农田。该模式以温氏食品集团股份有限公司全国多家下属公司为代表。

（二）模式流程

1. 模式流程（图5-1）

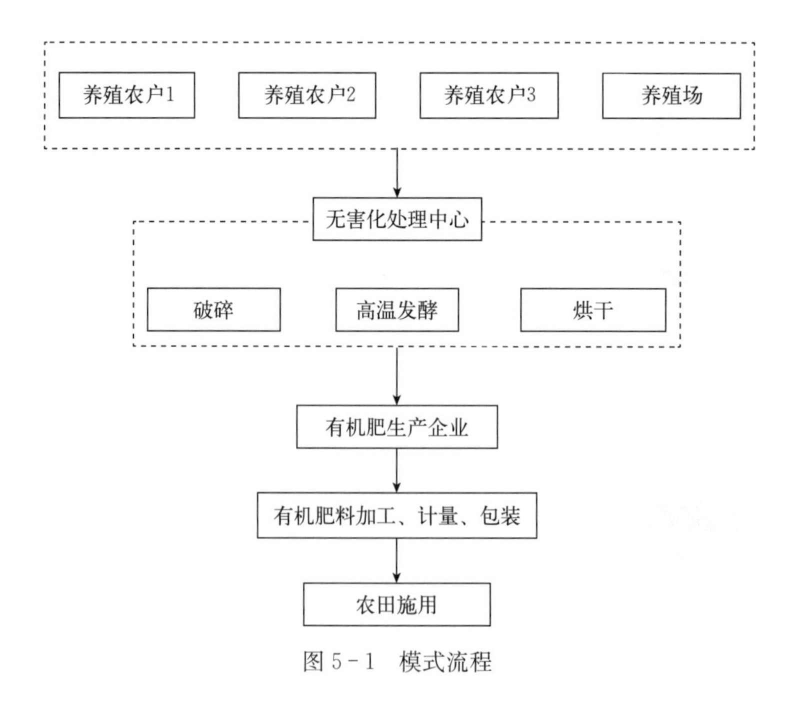

图5-1　模式流程

养殖场的农场主负责将病死畜禽收集，报备管理员，然后农场主把病死畜禽密封运送到处理中心，处理中心现场管理员清点并记录，同时农场主当场确认签字，处理中心统一集中做无害化处理，处理完毕后，将处理产物送有机肥厂加工，生产有机肥料。

2. 模式实景（图 5－2）

图 5－2　模式实景

（三）配套设施

1. 技术体系

（1）核心技术。采用高温生物发酵技术，利用持续24小时以上的高温灭活致病原菌，达到无害化；利用微生物发酵过程产生的蛋白酶、脂肪酶降解动物有机体。病死动物尸体经过24小时左右的高温生物发酵处理后，完全可转化为优质的有机肥原料。

（2）处理设备。本技术模式采用的核心设备是温氏食品集团股份有限公司研发的FDJQ-1000型动物尸体无害化降解机，处理能力为1吨/天，其设备具有以下特点：彻底灭活，阻断病原传播途径；进出过程环保，无二次污染；处理效率高，成本低，适用范围广；自动化程度高，操作简易；变废为宝，实现农业循环经济；可引入物联网系统，实现在线监管。除核心设备外，还需要配套提升、出料、辅助楼梯、尾气排放处理系统等辅助设备。

（3）采用标准。2013年8月制定发布了《无害化降解处理机》企业标准，2015年起草并通过了动物尸体降解处理的广东省地方标准（DB 44/T 152—2015）。新兴县内温氏食品集团股份有限公司的每个子公司都建造一座日处理量为2～3吨采用病死畜禽集约化处理系统的无害化处理中心。

（4）无害化处理中心建设要求。处理中心应选择远离居民区、学校、商业区、其他动物饲养场、屠宰场、饮用水源及其他类似功能的区域，并符合新兴生态环境保护要求，周边无有害气体、烟雾及其他污染源。每座处理中心占地面积约400米^2。

2. 政策措施

该模式中病死畜禽无害化处理中心是由温氏食品集团股份有限公司自行出资建造、运营，由政府畜牧部门监督管理。公司结合自身优势，通过强化病死畜禽宣传教育与出台相关政策，从源头上能够有效地遏制农场主对病死动物的私自处理，提高农场主的无害化处理意识，确保病死畜禽得到妥善处理。公司出台关于农场主的病死鸡无害化处理的鼓励性政策，同时为加强农场主的病死鸡监管，公司把上市量与病死鸡回收关联，作为农场主的评定标准之一。

3. 运行机制

为落实病死禽无害化处理，强化农场主环保意识，公司制定一系列保证无害化处理中心正常化运作的方案及机制。

（1）公司在与农场主签订养殖协议的时候，把病死禽的处理与相关奖励性政策关联，确保农场主能够主动把病死禽送往无害化处理中心。

（2）规定管理员每天下乡到农场主的养殖场检查时，对农场主的鸡群状况、死亡数量进行拍照登记留存，督促农场主按时按量将病死鸡送往无害化处理中心处理。

（3）在无害化处理中心旁设立解剖室，兽医为农场主解剖病死鸡，检查病因，以方便对症下药。

（4）定时开展宣传教育工作，召开预防病情、病死畜禽的危害等技术讲座。

（四）应用推广情况

该模式在温氏食品集团股份有限公司全国12家二级公司共30多家下属公司推广，推动了病死畜禽集约化处理系统上线；该模式在广西、浙江、江苏等地区的下属公司开展良好，基本完成配套。此外，温氏食品集团股份有限公司与佛山三水、江西新余、江西奉新等地的政府部门、企业合作，提供病死畜禽集约化处理系统的整体方案与思路，结合当地养殖情况，通过完善和修订病死畜禽集约化处理系统的内容，形成适合地方应用的模式。

（五）适宜地区

该模式适用于全国大部分地区，其特点是投入少、建设快、可操作性强、运营成本低。在养殖量多、密度大且集中的区域可采用多台动物尸体无害化降解机联动，根据每天处理量来启动运行设备，有效控制运营成本；在养殖量大且分散的区域，可采用建设多个小型无害化处理中心，能够在降低病原体传播风险同时，降低运输成本，减少病死畜禽乱处理的现象。

二、病死动物无害化处理“六步法”管理运营模式

（一）模式简介

通过建成覆盖行政区域的收集处理体系，在开展无害化处理监管工作过程中，探索创设了“六步法”工作流程，即“户申报、站受理、镇集中、场处理、所监管、市补助”模式，实现了对病死猪无害化处理全链条的有效运作和规范监管。该模式以如皋市为代表。

（二）模式流程

模式流程见图5-3。

（三）配套措施

1. 技术体系

（1）建立无害化收集处理体系。综合考虑全市养殖区域分布、无害化处理中心的辐射范围、运输和防疫条件等因素，中心选址定在如皋市中部的一个乡镇。各镇根据养殖规模和区域规模选择交通便利、符合动物防疫条件的地点设置集中收集点，多数

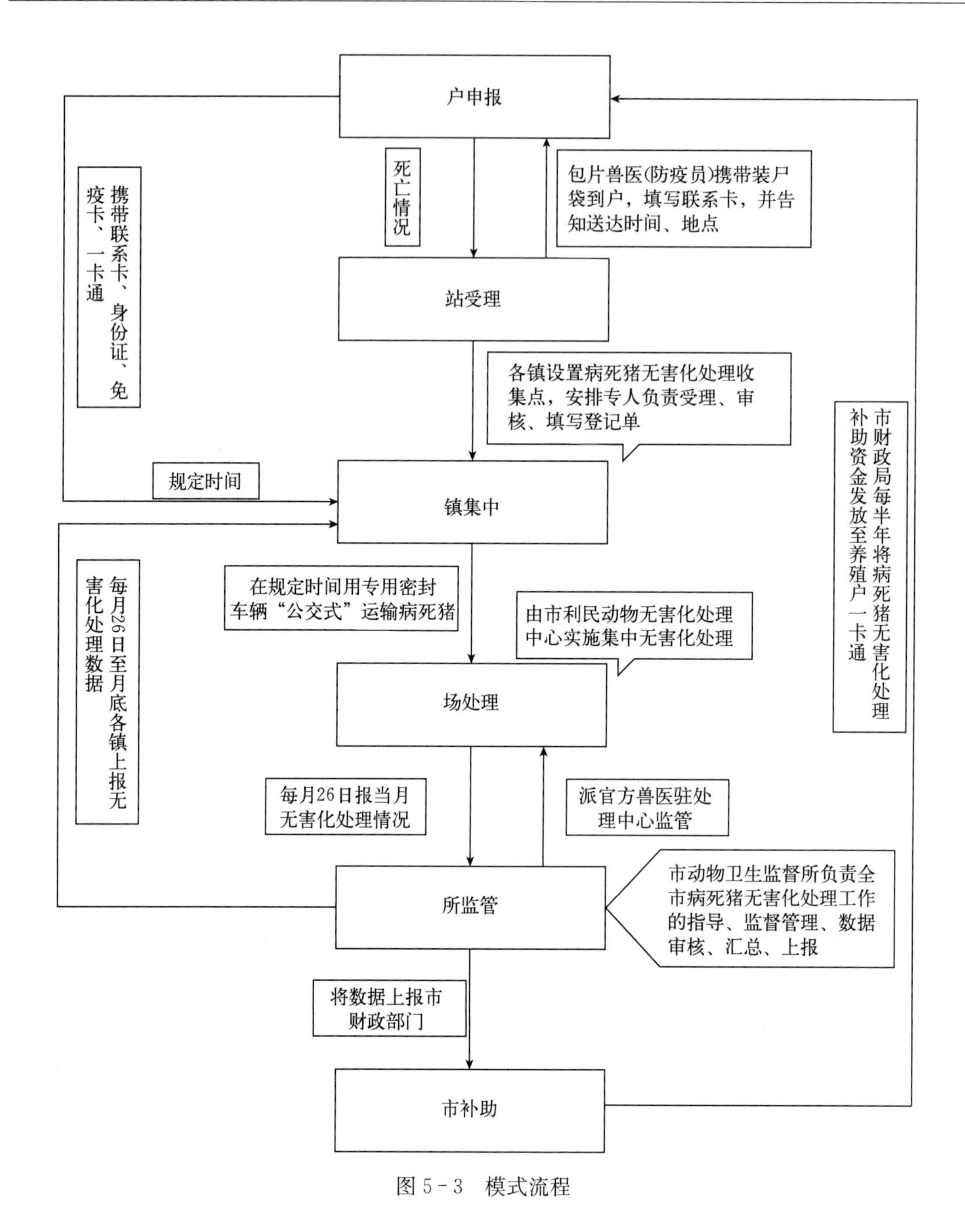

图 5-3 模式流程

选择垃圾中转站、闲置地等，每镇设置建立 1～2 个收集点，共建设 20 个收集点，覆盖全市范围。

（2）确立关键核心技术工艺。选择化制法进行无害化处理工艺，该工艺处理能力设计为 10 吨/天，主要通过尸体化制、油水分离、残渣处理、废气收集、污水处理、贮藏冷藏、消毒处理、收集运输等八大运行系统，对病死动物尸体有效处理，产生的油脂、污水、残渣进行资源化利用，油脂可作为制皂等化工原料，残渣作为有机肥料或燃料等。

(3) 制定完善、严密的监管制度。基于“六步法”模式，建立完善了统一规范的申报、受理、收集、运输、集中处理、产物销售、补助发放等工作制度，按要求完善申报单、受理单、勘验单、交接单、处理单、产物销售、补助上报等工作记录和台账，无害化处理场、收集点进驻官方兽医，进行现场监管，市兽医所重点督查，确保收集处理全程实现“账账相符、账物相符、环节监管，全程控制”的工作要求。

2. 政策措施

为保障病死猪无害化处理工作有序开展，如皋市出台了优惠政策来保障无害化收集处理体系建设和运行。一是实施补贴政策。2011 年通过项目扶持政策，市财政给予建设企业一次性补助 35 万元，支持企业投资建设无害化处理中心。按照“先建后补、镇建市补”的原则，给予每个收集点 1.5 万元，由各镇政府负责具体选址、用地和建设。2013 年，由省财政补助 200 万元，市财政配套 63.5 万元，用于无害化收集处理体系改扩建和工艺改进。二是配套用地、用电及财政保障政策。按公益用地保障体系建设，按农业项目对企业实行减免税政策和农业用电优惠政策，有效降低了企业运营成本。三是养殖环节补助政策。如皋市财政在部省补助 80 元/头生猪的基础上，专门增加 10 元/头的财政补助，并对补助资金进行合理分配，每头猪的补助费用中，饲养场（户）50～55 元、处理中心 25～30 元、乡镇站监管 6 元、市监督所监管 1 元，有效激励了养殖户申报、无害化处理中心处理和监管部门监管三方的积极性。

3. 运行机制

如皋市在无害化收集处理体系建设和运行中，建立了切实有效的运行机制，实现了病死猪无害化处理的长效运行。一是市场化运行机制。企业自主运营、自负盈亏，企业通过病死动物处理补助和提高残值利用，实现企业良好效益。2015 年如皋市实现无害化集中处理病死猪 15.9 万头，生产油脂 160 吨、残渣 600 吨，扣除运营成本，处理企业净收入 130 多万元，实现社会效益与经济效益双赢，有效保障了企业持续良性运行。二是保险联动机制。在全市实行生猪政策性保险，建立养殖保险、生猪补贴和无害化处理三方联动机制，以病死猪无害化处理作为前提条件，将实行保险和生猪补贴的病死猪全部纳入无害化集中处理体系，使养殖户积极性得到极大提高，有力地促进了监管工作的长效化。

（四）应用推广情况

2011 年以来，如皋市创新的病死猪无害化处理“六步法”模式，得到社会的广泛关注和认同，农业农村部和省级多位领导前来开展专题调研，该模式被农业农村部作为典型模式向全国重点推广，先后有浙江、山东、广东等 20 多个省、市（县）前来参观学习，中央电视台、新华社等多家权威媒体进行跟踪报道，起到了良好的示范带动作用。

实行“六步法”以来，全市杜绝了病死畜禽随意抛弃现象，既节约了因传统深埋、焚烧造成的土地资源浪费，又减少了环境污染，同时病死猪处理产生的残渣、油脂又能“变害为宝”，实现了经济效益、社会效益和生态效益的共赢。

经济效益：据如皋市无害化处理中心提供数据，处理1吨病死猪可生产油脂和残渣350千克，其中直接生产成本约650元，主要包括电费150元、燃煤40元、车辆油耗300元、装尸袋等其他物耗120元、设备维修等待摊费用40元；处理产物收入约500元，其中残渣收入约300元、工业用油脂收入约200元。政府财政补助收入1 320元（按30元/头补助企业），扣除处理成本，综合收益为1 170元。

社会效益：实行“六步法”模式以来，养殖户积极参与无害化集中处理，杜绝病死猪被收购贩卖的现象，从源头上遏制病死猪流向食品加工等环节，降低疫病传播风险，推动畜牧产业的健康发展。

生态效益：如皋市近几年平均每年处理病死猪15万头左右，净化了生猪养殖环境，有效解决了病死生猪乱抛乱扔造成污染环境问题，有效改善人居生态环境。

（五）适宜地区

病死猪无害化处理“六步法”运营管理模式，适宜于全国除山区之外的其他平原和丘陵地区应用。

运输车辆消毒见图5-4。

图5-4　运输车辆消毒

工作人员现场核查照片见图5-5。

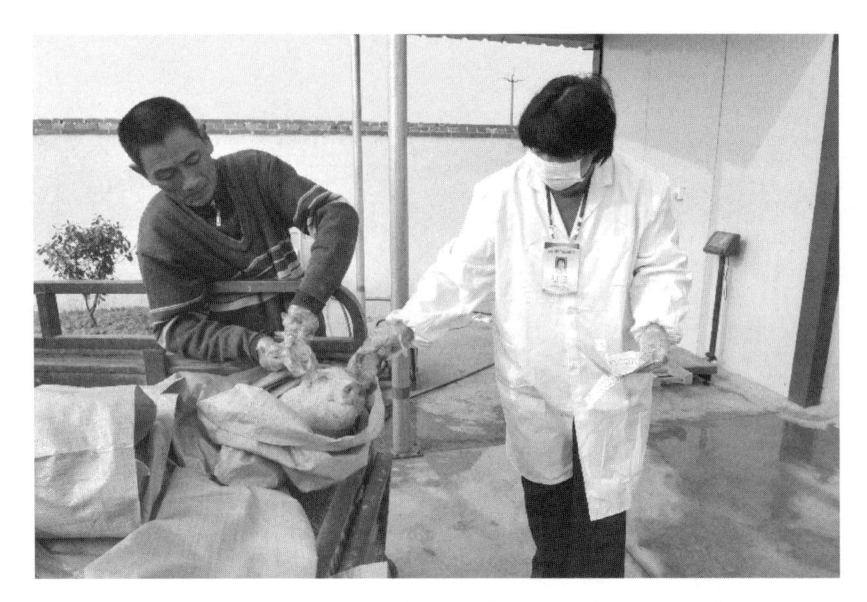

图 5-5　工作人员现场核查照片

三、病死畜禽处理与粪污产沼气组合联动模式

（一）模式简介

该模式用畜禽粪便厌氧发酵所产沼气作能源，通过沼气锅炉产生蒸气，高温化制病死畜禽，对病死动物进行无害化处理，烘干病死畜禽余热，用于厌氧发酵罐加温，高温化制过程产生的有机废水进入厌氧发酵罐作产沼气原料，沼渣液农田回用，实现废弃物无害化处理与资源梯级利用。该模式以山东沂南县为代表。

（二）模式流程

1. 模式流程（图 5-6）

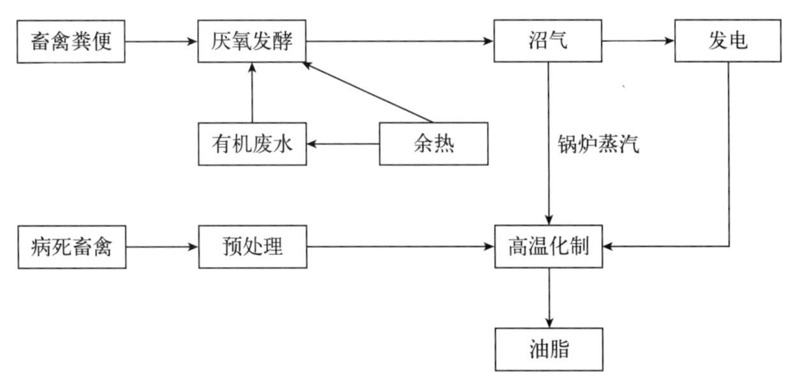

图 5-6　模式流程

2. 模式实景（图 5－7）

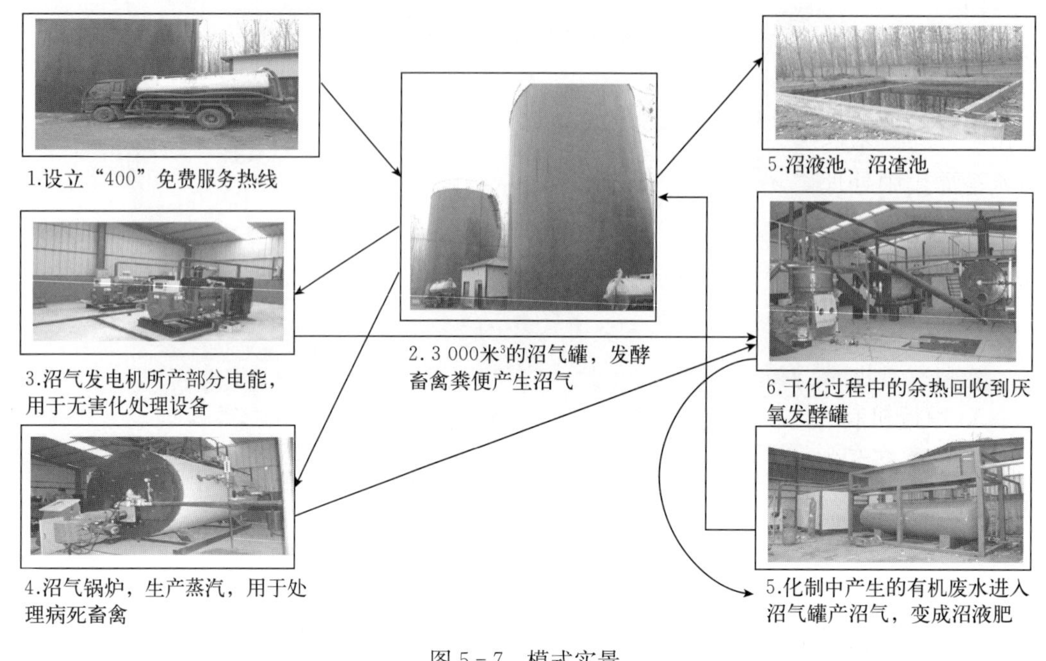

图 5－7　模式实景

（三）配套措施

1. 技术体系

（1）技术要点。配置 3 000 米³ 的沼气罐，将收集的畜禽粪便投入到沼气罐进行发酵处理产生沼气，沼气加压之后，供锅炉作能源产生蒸汽，蒸汽用于化制病死畜禽，同时，用沼气进行发电，保障设备用电。

（2）技术标准。按照《中华人民共和国动物防疫法》、《病害动物和病害动物产品生物安全处理规程》（GB 16548—2006）、《全国建立病死猪无害化处理长效机制试点方案》（农医发〔2013〕31 号）以及国务院兽医主管部门的有关规定，对病死畜禽及其制品主要采取干化法无害化处理，借助于沼气蒸汽炉产生的高温与高压，将病原体完全杀灭，并使油脂溶化和蛋白质凝固，油脂加工炼成工业用油，其他残留物质用作有机肥料加工的原料。生产过程中产生的废气，经专利技术处理，要求无臭味并达到国家排放标准，生产过程中的有机废水继续进入沼气罐，变成沼液肥，做到无废水排放，并确保无毒、无害、无污染。

2. 政策措施

（1）规划建设。根据有关法律法规的规定，政府部门与病死畜禽无害化处理中心达成协议，由企业出资建设，有关部门积极帮助协调解决项目选址、土地使用、规划设计等问题。2015 年 3 月，建成了日处理病死畜禽 100 吨的无害化处理中心，并投入使用。

（2）政策补助。按照“政府主导、部门监管、市场运作、财政补助”的基本原则，病死畜禽无害化处理中心定位为政府主导，监管部门全程监督管理，财政部门给予相应补助。采取集中收储、集中处理、全程监管、适当营利的运营模式，基本实现病死畜禽集中处理“无害化、资源化、无污染”的目标。根据国家有关政策及市畜牧局、市财政局联合下发的《关于做好生猪规模化养殖场无害化处理补助相关工作的通知》规定，按照“谁处理、补给谁”的原则，建立财政补助机制，规模化养殖场（小区）养殖环节病死猪无害化处理每头猪给予 80 元补助（其中，中央、省、市补助 60 元，县财政补助 20 元）。

3. 运行机制

（1）畜禽粪便收集处理。由无害化处理中心统一收集养殖场户的畜禽粪便，积极组织开展上门收集服务，严格按照操作规程全力做好统一收集工作，做到及时收集、及时运输、及时处置。具体操作流程：无害化处理中心成立集中收储队，配备粪便收集专用车辆（根据养殖场户粪便量多少，配置 3 米^3、5 米^3 和 15 米^3 不同收集容量的专用车辆）和业务人员，设立“400”免费服务热线，养殖场户沉淀池（储粪场）满后，养殖户电话告知处理中心，由畜禽粪便无害化处理中心上门收集，然后集中进行无害化处理。

（2）全程安全监管。病死畜禽无害化处理的集中收储、加工处理、产品流向等环节均在相关职能部门的监督管理之下，按照有关规定规范运行。无害化处理中心建立完整的进销、处理记录，原料库、生产车间、成品库等重要场所安装 24 小时监控录像。畜牧部门选派监管执法人员驻场全程监督操作运营过程；质监、工商等部门对生产过程、经销货台账等定期监督检查。

（3）沼气能源循环利用。按照“减量化、无害化、资源化”要求，实现畜禽粪污资源化循环利用。对禽畜粪便进行厌氧发酵处理产生沼气，用沼气锅炉产生蒸气，沼气发电机产生电能，高温化制病死畜禽尸体，产出高档有机肥，同时烘干病死畜禽尸体产生的热量又回到厌氧发酵罐作加温热源，往复循环利用。

（4）种养有机衔接。产出的沼渣、沼液制作有机肥，用于林果、蔬菜、农作物种植等。这样既解决了畜禽粪便的污染，又解决了病死畜禽的危害，达到了以污（畜禽粪便）治污（病死畜禽）、变废为宝（沼气、沼液、沼渣有机肥等）的效果。

（四）应用推广情况

该模式已在全县 16 个乡镇（街道、开发区）全面推广，并辐射带动周围近 10 个县区，对畜禽粪便和病死畜禽进行无害化处理，并产生了巨大的经济效益、社会效益和生态环境效益。

1. 经济效益

畜禽粪便经过厌氧发酵处理后，既可处理废弃物净化环境，又可获得优质清洁能源，除沼气可以发电、产生热能之外，还有沼液、沼渣。目前，日发酵处理粪污200吨，每年可减少畜禽粪污排放7万吨左右，生产1万吨的有机肥。日产沼气5 000米^3，生产沼气可满足高温化制病死畜禽使用。沂南县辛集镇建有万亩现代农业示范园，可就近消纳利用无害化处理中心所产生的沼液；沼渣经加工制成生物有机肥，用于生产绿色无公害食品。沼气发电可用于设施设备日常用电。

2. 社会效益

对病死畜禽高温化制进行无害化处理步骤需要大量的热能，传统热能来源主要依靠煤炭，但燃烧煤炭会产生二氧化硫、氮氧化物等大量的空气污染物，对大气环境造成污染。而用沼气作为燃料，高温化制病死畜禽尸体，既节约了资源，又减少了污染物排放，达到节能减排的效果。每年可节约煤炭1 000吨，减少废气排放400吨左右。

3. 生态环境效益

病死畜禽无害化处理与畜禽粪便产沼气组合联动模式的推广应用，对于减轻当地水质污染、改善生态环境、保护人民的身心健康、大力发展有机农业、提高农副产品的市场竞争力、促进农业生产的全面可持续发展，均具有十分重要的作用。

（五）适宜地区

该模式适宜在全国范围内推广。

四、死动物“湿化化制＋生物转化利用”模式

（一）模式简介

将收集来的死亡动物及其动物产品自动投入处理设备进行分割（大小为10厘米左右），然后自动进入高温灭菌容器（高温达到140℃以上、3.8～4.2个大气压，灭菌蒸煮1.5小时，保温2.5小时），通过精细粉碎后呈糊状（颗粒不超过3 mm），经处理好的有机质含水量在90%左右，通过加入配方辅料混合成为含水量为75%左右的蝇蛆培养基，经4天蝇蛆工程生物分解、消纳、转化，最终收获活性蝇蛆，剩余物制成有机肥。该模式以浙江恒易生物科技有限公司为代表，由其自主科技创新建立。

（二）模式流程

1. 模式流程（图5-8）

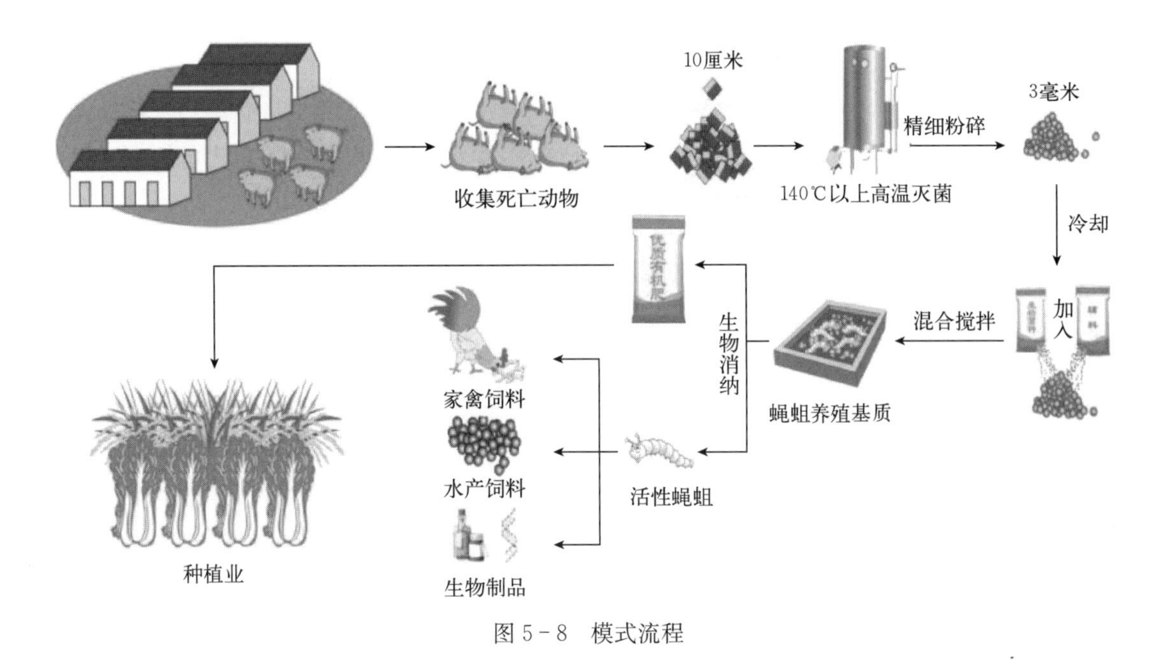

图 5-8　模式流程

2. 模式实景（图 5-9）

（三）配套措施

1. 技术体系

该模式的核心技术为“湿法化制生物转化法”，融合了湿化化制和生物处置的优点，具有无害化、彻底化、生态化、资源全利用等特点。根据工艺流程，分 4 个功能区，无害化处理区、生物消纳区、收获区、种蝇繁育区。

无害化处理区即病死动物的切割、高温灭菌阶段。对动物尸体先进行初步分割（大小为 10 厘米左右），然后自动进入高温灭菌容器（高温达到 140 ℃以上、3.8～4.2 个大气压，灭菌蒸煮 1.5 小时，保温 2.5 小时），再通过精细粉碎后呈糊状（颗粒不超过 3 毫米）。该区采用全封闭、微负压处理，流水线设备采用密封设计，采用电脑软件控制，对处理温度、压力和工作时间等技术参数进行设定，整机按规定程序自动运行，全程实现信息化、自动化管理，并采用数字监控系统对设备运行进行监控。

生物消纳转化区即蝇蛆吸收、消纳油脂等物质的区域，该区域采取太阳能地热系统，以保证生物消纳区地面温度控制在 20～32 ℃，保持蝇蛆最佳生长环境，提高蝇蛆存活率，加速生物消纳速度，使其达到较高的运行效率。

收获区即进行蝇蛆基质分离的区域，由自动运料车将蝇蛆和已消纳的培养基送至收获区，经分离设备，将蝇蛆和培养基质自动分离。分离后的培养基质经生物发酵、

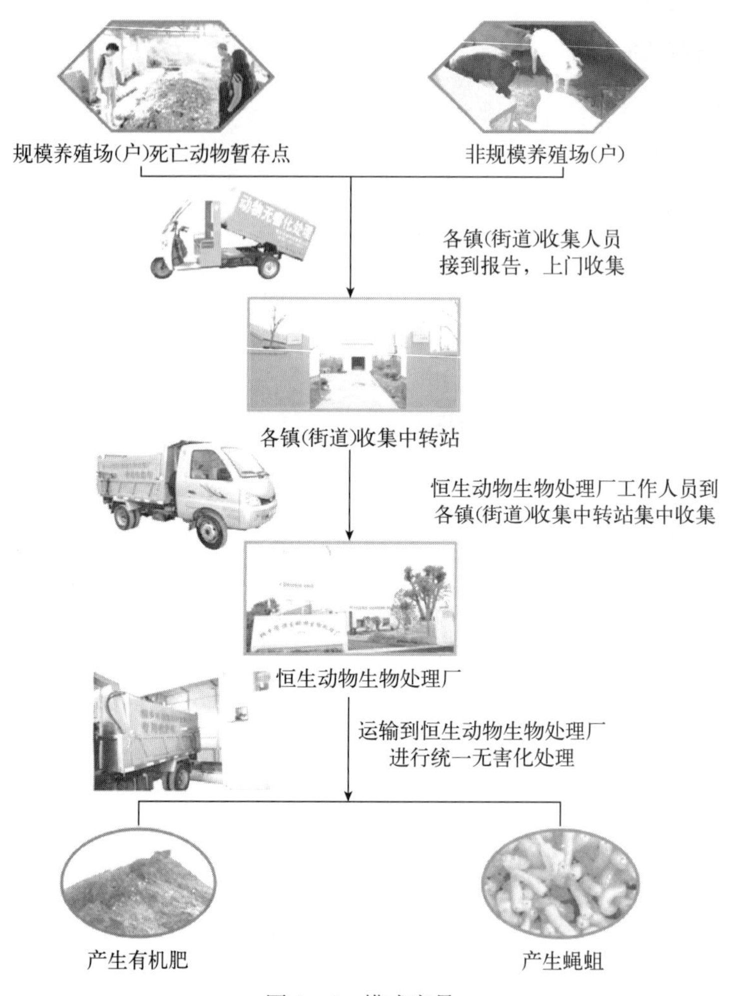

图 5-9 模式实景

脱臭、腐熟、烘干、制粒等工艺处理后成为有机生物肥，蝇蛆消毒后作为优质动物蛋白饲料，用于特种水产养殖。

种蝇繁育区是整个生物处理系统的技术核心区，用来养殖种用蝇蛆，提供处理幼虫。种蝇最适温度为 22～32 ℃，最适卵孵化湿度为 60%～75%，每天光照 10～12 h（自然光和灯光）。

2. 政策措施

政府十分重视项目，桐乡市政府先后出台了《桐乡市构建病死动物无害化处理长效机制实施方案》《桐乡市畜禽养殖病死动物收集管理工作实施细则》《桐乡市各镇（街道）病死动物收集中转站建设指导意见》等文件，明确了相关政策和工作要求。为尽快使项目落地，市政府协调解决工业化处理设施建设中涉及的土地、供电、资金、环保等问题。在财政补助方面，将死亡动物无害化处理设施建设纳入省政府“十二五”动物防疫基础设施规划，对市死亡动物处理中心政府项目补助650万元，死亡动物收集中转站财政补助23.25万元。病死猪无害化处理按80元/头标准补助，其中70%补助经费作为恒生动物生物处理厂运行经费，30%补助经费作为收集中转站营运费，对每个收集中转站每年下拨运转费用平均4万元。此外，还将补助范围延伸至牛、羊、兔、家禽等其他动物，由市级和镇（街道）财政全额配套承担。

3. 运行机制

按“集中处理，统一收集”原则，在每个镇（街道）建立死亡动物收集中转站，在规模养殖场内建立死亡动物暂存点，并根据辖区养殖分布、养殖户数和畜禽总量等实际情况，在全市落实专职或兼职死亡动物收集处理人员20余人，配备收集车辆17台，公布收集电话，开展病死动物常态收集工作。实施生猪保险与无害化处理联动工作机制，理顺镇（街道）、养殖场（户）、保险公司和无害化收集处理单位等各方的工作职责，制定各方的运营管理制度和操作规程，完善收集处理台账记录管理，强化养殖户和收集处理人员责任意识，规范收运处理工作，建立起“养殖户报告、保险公司勘验、镇（街道）收集、中心处理”四环相扣的死亡动物无害化处理运行管理体系，形成了一个完整的病死动物收集处理产业链，即由各镇（街道）收集队伍负责将畜禽养殖场（户）死亡动物统一收集至中转站，由恒生动物生物处理厂负责从各中转站收运到处理中心，进行集中处理与资源化再利用。

（四）应用推广情况

“湿法化制生物转化法”融合了湿化化制和生物处置的优点，在整个处理流程中真正实现“三废”零排放，具有无害化、彻底化、生态化、资源全利用等特点。目前，该模式已在浙江、湖南、江西、海南、广西、云南、四川、湖北、重庆、江苏等地推广应用。

（五）适宜地区

该模式适宜在生猪养殖大县推广应用，处理中心场址应选择在地势较高、养殖相对集中的中心位置，处理中心场应具备通水、通电、通路、通信等条件，远离居民区等人口集中区域，远离主要河流及公路、铁路等主要交通干线，且满足动物防疫要求。

五、病死生猪“统一收集+保险联动+集中处理”运行管理模式

（一）模式简介

该模式的主要特点是病死生猪收集处理由企业承担运行，生猪全覆盖保险由保险

公司承担。死亡生猪由保险公司和无害化处理中心统一勘查、统一收集、统一处理，凭无害化处理中心处理凭证实施赔付，保障了病死猪处理率100%；处理中心采用高温炭化、除烟除臭新技术，整个收集处理过程实行网上智慧监管，形成了养殖户、保险公司、处理中心、监管部门环环相扣、高效运行的病死猪无害化收集处理模式。该模式以浙江集美生物技术有限公司为代表。

（二）模式流程

1. 模式流程（图5-10）

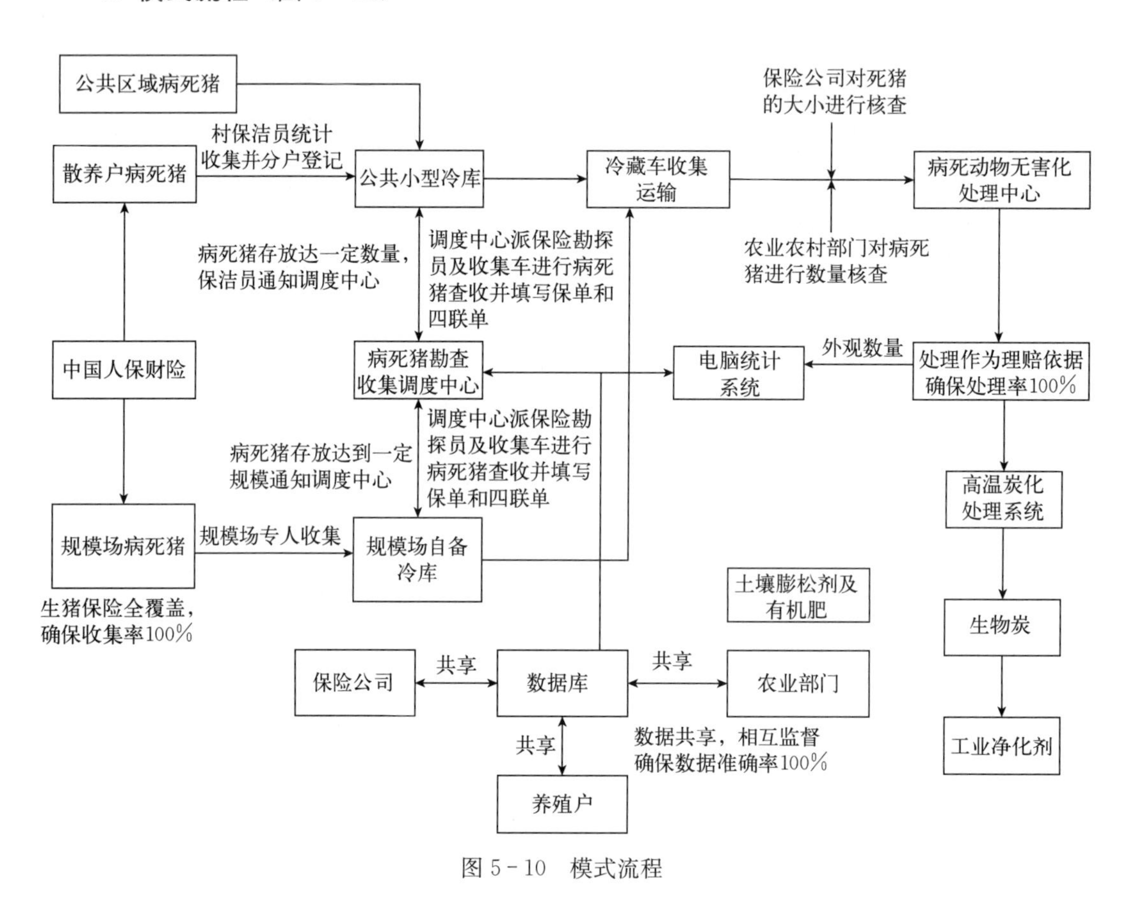

图5-10 模式流程

2. 模式实景（图5-11）

（三）配套措施

1. 技术体系

采用高温焚烧炭化技术。病死猪通过自动码料设备，进入余热解冻预处理系统，通过预处理的病死猪，在自动输送设备连续运行下，投入恒温850℃的第一室炭化炉

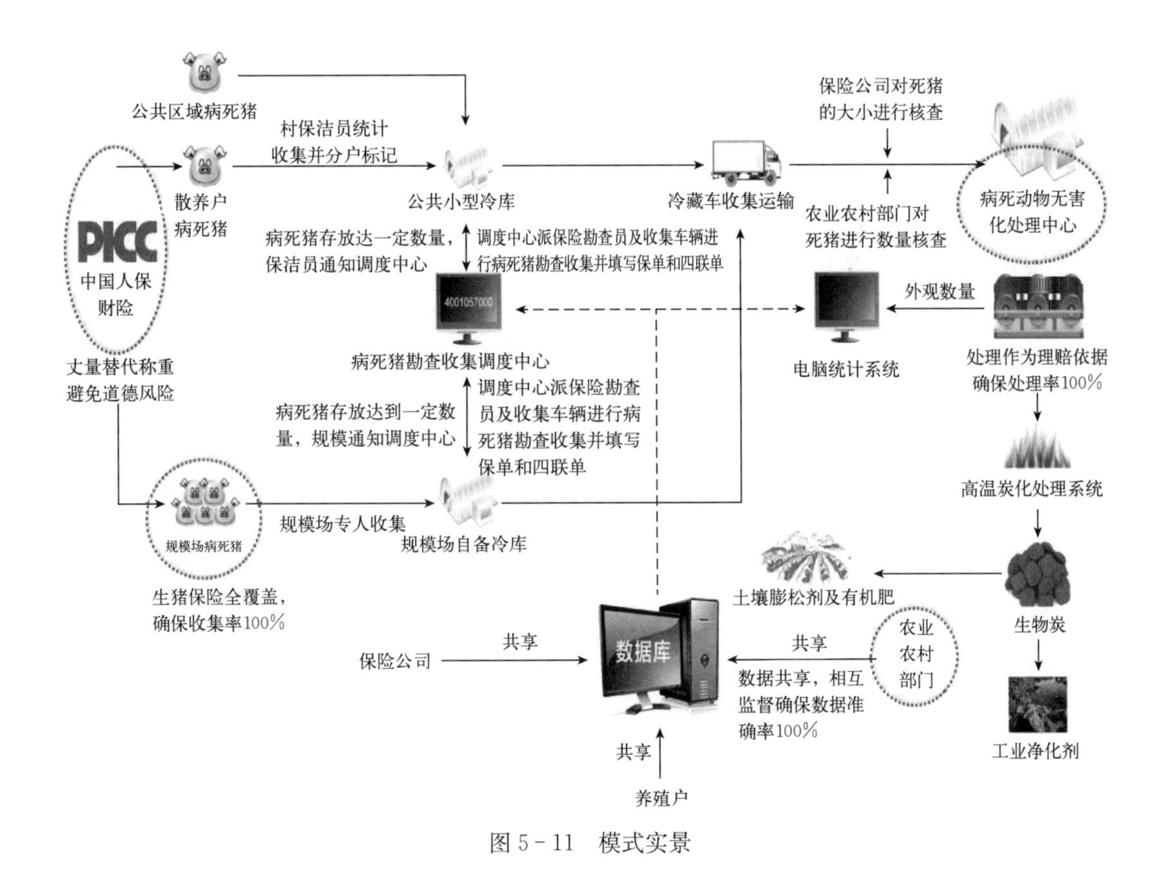

图5-11　模式实景

进行焚烧炭化，处理过程中产生的废气进入恒温1 000 ℃的第二室炭化炉再次燃烧，最终使各项污染物排放指标达到国家标准。设备配备自动清渣系统，将处理后的骨炭自动收集。整个处理过程无烟无异味，炭化过程产生的余热作为解冻预处理利用，减少了能源消耗。燃烧形成生物炭质本身富含磷、钾等，可用于生产有机肥料，最终回归农田，或作为吸附剂，用于吸附重金属等有毒有害污染物，净化土壤或水环境，具有良好的经济效益。

2. 政策措施

（1）出台《龙游县病死猪无害化处理管理办法》，明确死亡生猪必须进行统一收集、集中处理，每个猪场必须配备可存放一个月死亡生猪的冷库或冷柜。

（2）实行生猪保险全覆盖，保险范围、对象扩大到所有生猪养殖场（户）及所有生猪，并取消了免赔条款。保险公司必须凭无害化处理中心的处理凭证实施理赔，以尸体长度赔付替代原来的称重赔付。生猪保险保费按27元/头收取，其中自繁自养猪场每头能繁母猪当年可出栏量20头生猪确定投保数量。

（3）无害化处理中心由浙江集美生物技术有限公司负责建设及运营，财政给予无害化处理中心一头病死猪80元的财政补贴，无害化处理中心自负盈亏。

3. 运行机制

按照“政府监管，企业运作，财政贴补，保险联动”的原则运行。

（1）畜牧防疫人员协助保险公司组织养殖户参保，保险公司勘查人员和畜牧部门监管人员在处理中心集中办公。

（2）养殖场根据规模配备相应容积的冷库或冷柜，将死亡生猪集中暂存，存满后由无害化处理中心上门收集。

（3）建立死亡生猪勘查、收集四联单签证制度，处理中心接报收电话后，保险公司勘察人员和处理中心收集人员同车到达收集现场，确认死亡生猪数量及尸体长度，填写死亡生猪勘查、收集四联单，养殖业主、勘察人员和收集人员分别在“四联单”上进行签字确认，死亡生猪运到无害化处理中心后再由畜牧部门工作人员进行复核确认并签字，养殖场、保险公司、处理中心、畜牧局各执一联保管。

（4）保险公司凭无害化处理中心凭证实施赔付，按病死猪尸体长度不同，分档次每头猪赔付30～600元。

（5）通过网络信息数据管理平台实行数据共享。

（四）应用推广情况

该模式于2014年3月已全面运行，经济效益、社会效益、生态效益显著，形成了完善的病死猪无害化处理与保险联动长效机制。

（1）实现了3个确保，即确保了产品安全、环境卫生、养殖户受损失降低。

（2）实现了养殖户、保险公司、处理中心、政府管理部门的“四方共赢”，即养殖户得到实惠，保费低、大小死猪全理赔，不设免赔区；保险公司风险可控，通过制度机制创新，防止道德风险，降低勘查成本；无害化处理中心有效益，通过机制创新，降低收集成本，通过无害化处理作为理赔的前置条件，确保处理数量；政府管理部门监管更高效、便捷和精准。

（五）适宜地区

该模式适宜大部分畜禽养殖区。

六、全畜种病死动物及其产品“统一收集、集中处理”模式

（一）模式简介

该模式是以片区为单元的收集体系与县或区病死动物处理中心所构成的病死动物及其产品无害化集中处理体系。通过在片区内配套建设片区集中收集点，配备专用全封闭冷藏收集车、全程监控设备以及集中处理中心，形成了全域各环节全覆盖的收集

处理体系和监管体系，实现统一收集和集中处理。其产出品全部为工业原料和有机肥原料，实现资源再利用。该模式以四川省内江市为代表。

（二）模式流程

1. 模式流程（图 5－12）

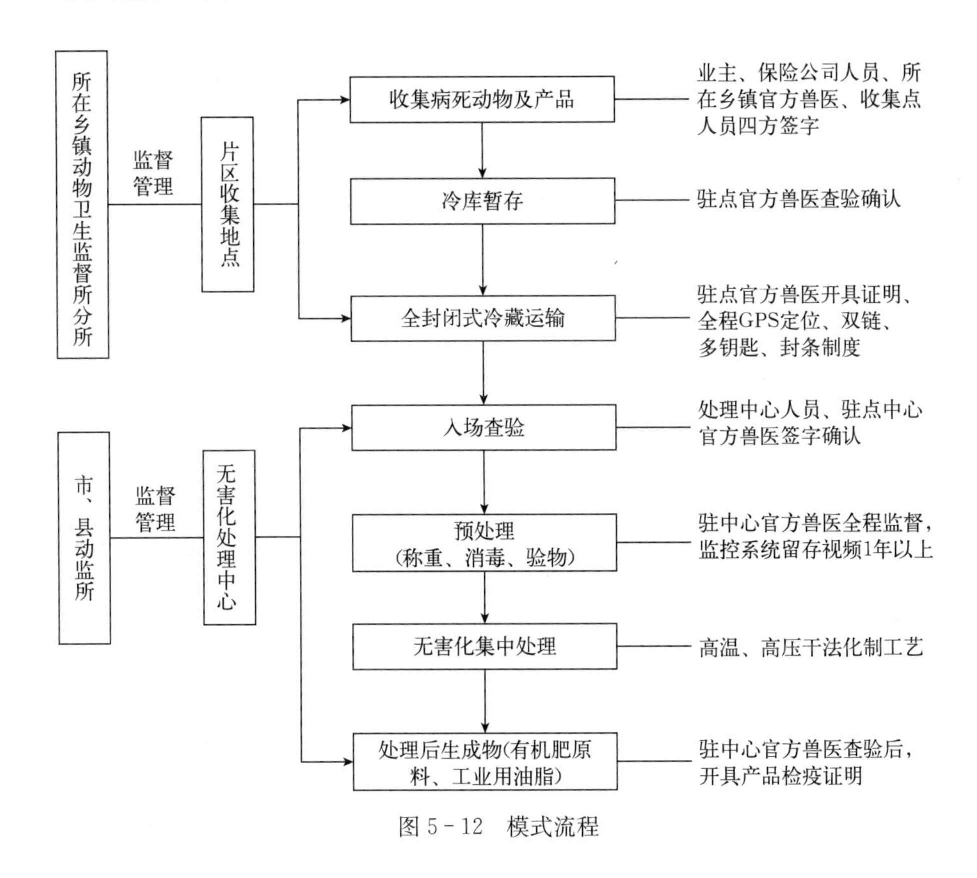

图 5－12　模式流程

2. 模式实景（图 5－13）

（三）配套措施

全区配套建设片区集中收集点 14 个，配备专用全封闭冷藏收集车 16 辆、全程监控设备 1 套、动物无害化处理中心 1 座。处理中心采用国内先进的干化处理工艺，日处理能力 50 吨，年处理能力 1.5 万吨。

1. 技术体系

（1）*技术流程要点*。病死动物经封闭运输—处理中心—破碎—高温高压化制—排气泄压—烘干—压榨—物料再处理—空气处理—废水处理工艺流程，最终达到病死动物及其产品的无害化，且无二次污染。

内江市动物无害化处理中心

收集病死动物及其产品

片区收集点冷冻库暂存

全封闭冷藏专用车运输

预处理

高温高压干法化制无害化集中处理

处理后生成物(有机肥原料、工业用油脂)

图 5－13　模式实景

（2）无害化处理工艺。按 GB 150—2011 标准，采用全自动控制、全封闭运行的高温高压化制灭菌处理工艺，处理后的固体物料将成为制作有机肥的原料，油脂用于工业用油或提炼生物柴油，实现无害化处理、资源化利用的目的。

（3）空气净化工艺。处理物料的蒸气和废气经过烘干机—废气消毒冷却器—喷淋塔里（水、气分离）—（废气）紫外线灭菌箱—烟囱排放，排放标准按《环境空气质量标准》（GB 3095—2012）执行。

（4）废水处理工艺。按《污水综合排放标准》（GB 8978—2002），将废水经沼气池、二级生化杀菌池处理，最终用于厂区内园林灌溉，实现循环利用、零排放。

2. 政策措施

（1）强化组织领导，明确责任分工，细化补贴政策。一是内江市人民政府办公厅发布《关于建立病死畜禽无害化处理机制的实施意见》（内府办〔2015〕93号），明确各级政府、相关部门、生产经营者无害化处理责任。二是政府开展专项补助。动物无害化处理中心建成投产后，经市级相关部门审核验收，由市财政一次性以奖代补项目县120万元用于项目建设；县（区）政府对辖区内病害动物及其产品收集点建设，每个点给予一次性补助20万元；无害化运输车辆购置补助每辆5万元（每个收集点1辆）；每个收集点每年补助运行经费8万元。三是对于病死动物及其产品无害化集中处理费用补助标准，一类指由国家政策补助的在养殖和屠宰环节收集到的病死猪及其产品，补助为80元/头，病死猪产品按90千克/头折算后补助；二类指当地县（区）财政补助的通过其他环节收集到的大中型病死动物（马、牛、羊等）及其产品，以90千克/头折算后按80元/头补助；三类指当地县（区）财政补助的各类小型病死动物（鸡、鸭、鹅、犬、猫、兔、鱼等）及其产品，按2元/千克进行补助，补助每半年兑现一次。

（2）内江市重大动物疫病防制指挥部，印发了《内江市生猪保险全覆盖与无害化处理相结合实施办法》（内动防指发〔2016〕4号）和《内江市病死动物及其产品无害化集中处理运行与保险理赔管理暂行办法》（内动防指发〔2016〕5号），这些文件的出台，积极推进了生猪保险覆盖到全市养殖场（户），做到应保尽保，并将无害化集中处理作为保险理赔的前置条件，从源头避免病死动物丢弃和随意处置现象的发生。

（3）为了进一步规范病死动物及其产品无害化处理的收集、运输、处理、监督管理，内江市农业局制定了《内江市病死动物及其产品无害化集中处理监督管理实施细则（暂行）》（内农发〔2016〕120号）。

（4）对处理中心与收集点选址与建设，内江市农业局印发了《内江市动物无害化处理收集点建设规范》（内农发〔2016〕411号）。该文件规定：场地选址，符合动物防疫条件要求；建筑面积80～100米^2，地面平整，便于清洁和消毒；周围有围墙，并有明显的警示标志；出入区域应设置与门同宽、长4米、深0.2米以上的消毒池；内设办公区域，配备办公桌椅、电脑、打印机等办公设备，以及低温冷藏库（0℃）和冷冻库（－10℃），冷藏库和冷冻库的容积均不低于20米^3；房屋及冷冻库四周具有排水设施，配套建设沼气池处理污水，同时要求所有运输动物及动物产品必须使用专用密封车辆，配置消毒设备，收集袋及封口设备；冻库内采用托盘放置货物（有利于进出冻库）；制作标识牌（统一名称：××县（区）××片区动物无害化处理收集点）；每个收集点配备1～2名工作人员，有统一的防护服，标志明显；安装监控设备，不留死角，要建立相关记录及制度。

（5）内江市农业局还制定了《动物无害化集中处理数据报送规范》（内农函〔2016〕185号），要求动物卫生监管部门和动物无害化处理企业要落实专人负责无害化处理数据的收集、报送，确保数据真实、有效、准确、及时，谁签字谁负责，责任可追溯。

3. 运行机制

企业负责动物无害化处理中心和全市 14 个片区集中收集点的建设及相关设施设备的配置，并对收集、存储、处理、副产物销售的运行进行管理。市、县（区）农业主管部门和动物卫生监督机构负责整个无害化处理流程监督管理，协调相关部门共同推进完善病死动物及其产品无害化集中处理体系建设。全市范围内任何单位或个人只需拨打处理中心报收电话，就会有专用全封闭冷藏车在 24 小时内上门收集病死动物及其产品，场主、业主和个人不需要承担任何费用。

（四）应用推广情况

“病死动物及其产品无害化集中处理体系”已经在内江市辖区内全面建成，并已投入正式运行。该体系于 2016 年 5 月 1 日运行至今，已处理各类病死动物及其产品共计 960 吨。按照设计能力，完全可以承担川南资阳市、自贡市、宜宾市和内江市的无害化处理任务。目前，内江市正与三市协商，以“统一收集、集中处理”为模式，共建覆盖川南四市的病死动物及其产品收集网络，保障处理中心高效运行，实现生态共建、资源共享、政企双赢。

病死动物及其产品无害化集中处理体系的建立，创建了完整的病死动物及其产品综合利用新模式，打造资源集约型社会建设的示范亮点；降低了病死动物及其产品对生态环境的破坏程度，保护绿水青山；有效阻断了动物疫病传播，降低动物疫情风险；维护了动物源性产品质量安全，切实保障市民舌尖上的安全；解决了养殖户的后顾之忧，推动养殖业及相关产业快速发展；实现了双赢，政府维护了公共卫生安全，企业获得了稳定的投资回报。

（五）适宜地区

本模式适宜范围较广。畜牧业发达地区，对无害化集中处理量较大区域，可以单独建设一套完整体系；畜牧业不发达地区，对无害化集中处理需求较小，且地理位置相邻的区域，可以共建一个处理中心和若干片区收集点，避免重复建设和资源空置，实现资源最大化利用。

七、生猪养殖保险联动病死猪集中处理运行模式

（一）模式简介

为解决养殖业保险和病死动物无害化处理主动报告难、收集运输难、规范处理难等问题，将生猪政策性养殖保险理赔挂钩病死猪无害化处理，保险联动集中收集后，对病死猪实行了全覆盖集中无害化处理，做到了“随报、随查、随收、随处理”，基

本实现了“保险零盲区、死尸零流失、病原零扩散、环境零污染、监管零缝隙”，形成了“以防促保、以保助防、防保联动、政企联合、多方共赢”的长效机制。该模式以河南省济源市为代表。

（二）模式流程

1. 模式流程

生猪养殖保险联动病死猪集中处理运行模式流程见图 5-14。

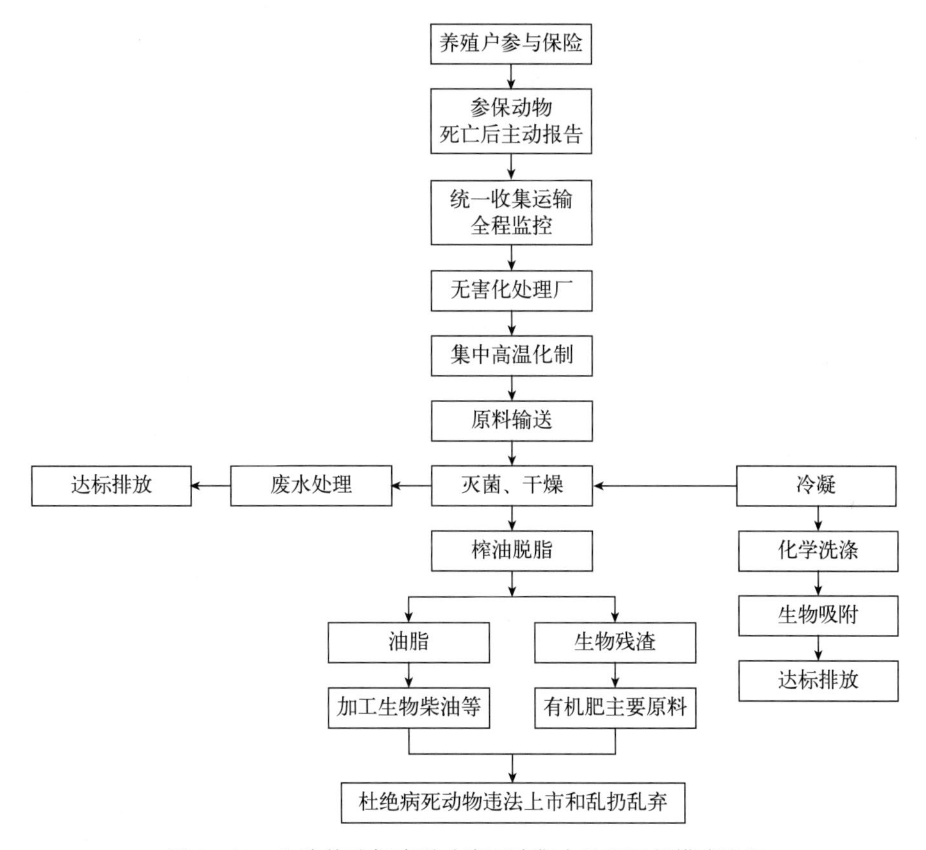

图 5-14　生猪养殖保险联动病死猪集中处理运行模式流程

2. 模式实景

生猪养殖保险联动病死猪集中处理运行模式实景见图 5-15。

（三）配套措施

1. 技术体系

该体系核心工艺技术为高温化制，病死猪经全程封闭自动化的粉碎、水解、分离、烘干、压榨等高温高压化制工艺流程，达到无害化，产生的生物残渣可以作为生

养殖场户生猪参加政策性养殖保险

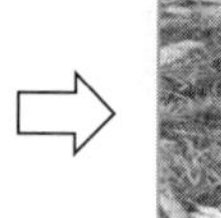

参保生猪死亡后养殖户主动向承保公司报告

病死猪统一收集运输到无害化处理厂

保险公司与监督执法人员共同到场进行死因鉴定、称重、统计

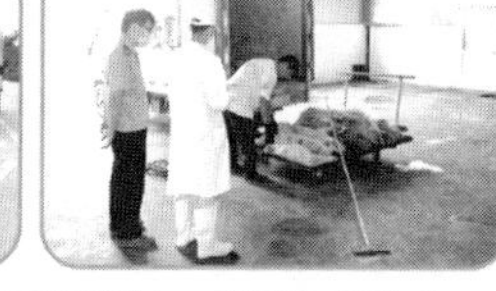

监督执法人员对进场病死猪数量、重量监督核实

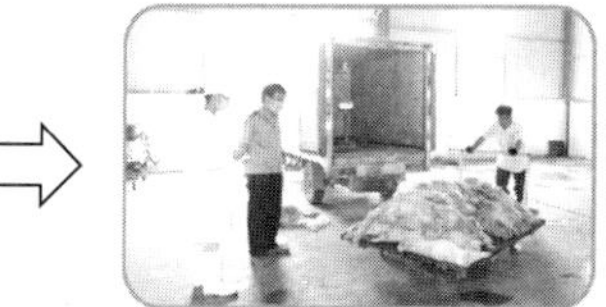

监督执法人员对病死猪无害化处理依法进行监督

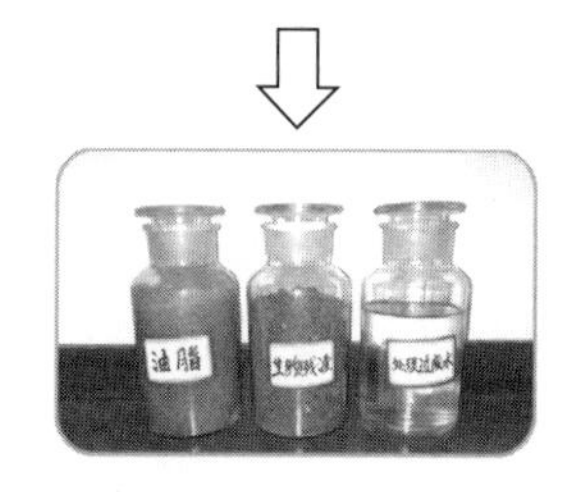

病死动物无害化处理达标排放的污水和处理产品

图 5-15　生猪养殖保险联动病死猪集中处理运行模式实景

产有机肥的主要原料，油脂可以加工生产生物柴油等，实现资源再利用，变废为宝。对生产生活污水和设备排气口进行过滤处理，达到国家规定的二类一级排放标准，符合国家生态产业政策和畜牧业发展的整体思路。该套设备主要包括粉碎机、高温化制水解罐、榨油机、烘干粉碎机、自动包装和废气污水处理系统，并通过了质量管理体系、环境管理体系、职业健康安全管理体系认证。该工艺流程的核心设备为高温高压化水解装置，新型水解罐 2013 年获得国家实用新型专利证书。

2. 政策措施

（1）成立由政府分管领导为组长，畜牧、发展改革、财政、国土资源、环保、食品药品监管、公安等部门分管副职为成员的济源市病死动物无害化处理长效机制运行工作领导小组，负责监督日常病死动物无害化处理运行工作，协调解决日常工作中出现的问题。

(2) 政府分别给予两个无害化处理厂120万元和100万元的补助，对收集运输车辆每辆给予3万元的补助，对购置冷藏设备每台冰柜给予0.15万元的补助。

(3) 将国家对病死猪无害化处理80元/头的补助资金分段补助，无害化处理厂补助40元/头，收集运输环节补助20元/头，养殖场户上交病死猪补助20元/头。对上交、收集运输、处理病死畜禽等其他病死动物的补贴标准，参照病死猪补助标准，在国家未出台相应的补贴政策之前，所需补贴资金由市财政承担。

(4) 按照有关规定享受税收、用电等优惠政策。

3. 运行机制

按照"政府主导、市场运作，统筹规划、因地制宜、财政补助、保险联动"的原则，已建成2个病死猪无害化处理厂，购置收集运输车辆14辆、冰柜50台，建成低温冷库2个，具备日处理病死猪30吨的能力。建立了济源市病死猪无害化处理"目标责任体系、收集运输体系、无害化处理体系、分段补贴体系、保险联动体系、全程监督体系"六大体系，采取"主动报案、双方到场、统一运输、集中处理、全程监管"方式，对病死猪实行了全覆盖集中无害化处理，实现了"随报、随查、随收、随处理"，杜绝了病死猪的乱扔乱弃和违法上市，减少了动物疫情传播，确保了人民群众舌尖上的安全。

(四) 应用推广情况

2013年初步形成能繁母猪保险模式，在此基础上先后开展育肥猪保险试点、奶牛保险试点暨河南省、农业农村部无害化处理长效机制试点，2015年全面实施病死猪无害化处理与保险联动机制。该机制将保险理赔挂钩无害化处理，经过创新、完善，形成了"以防促保、以保助防、防保联动、政企联合、实现双赢"的"济源市养殖业保险暨无害化处理模式"，从根本上解决了病死畜禽违法上市、同批死亡动物重复报案两大社会焦点，转变了养殖场户的防疫行为，不仅使党的惠农政策落到了实处，更有效保障了畜产品质量安全。该机制的实施，先后得到了省部级以上领导的肯定批示，《国务院办公厅关于建立病死畜禽无害化处理机制的意见》(国办发〔2014〕47号)、《河南省人民政府关于加快发展现代保险服务业的实施意见》(豫政〔2014〕93号) 以及省部级会议作为"济源模式"予以采纳应用推广，取得了良好的社会经济效益。2015年3月至2016年10月，育肥猪参保农户累计7 469户，参保生猪1 267 328头，保险理赔109 209头，赔付1 710.172 25万元，平均每头赔付157元，再加上20元无害化处理补助，每头可获得177元的补助，平均每户可得补助2 582元。2015年至2016年10月，无害化处理厂、收集运输公司、养殖场户通过参与病死猪集中无害化处理，共计获得国家、省、市病死猪无害化处理补贴 2 183.312 万元。

（五）适宜地区

该模式目前已经在全国进行推广应用。在政府配套资金到位前提下，已开展政策性养殖保险、建设集中无害化处理厂的地区，可依托保险公司或第三方积极参与病死动物收集运输，以确保病死动物集中无害化处理到位和运营可持续。

第六部分　农业废弃物综合处理利用典型模式

一、“畜—沼—棚—菜”种养结合模式

（一）模式简介

该模式利用自然与人工调控相结合的方法，通过合理配置，形成以太阳能、沼气为能源，以沼渣、沼液为肥源，实现大棚蔬菜、瓜果种植与牛、羊养殖相结合的能流、物流良性循环系统。在冬季北方地区室内外温差为 20～30 ℃条件下，可实现日光温室喜温果蔬正常生长、畜禽健康饲养与沼气发酵安全可靠。该模式以甘肃省武威市凉州区为代表。

（二）模式流程

“畜—沼—棚—菜”种养结合模式流程见图 6－1。

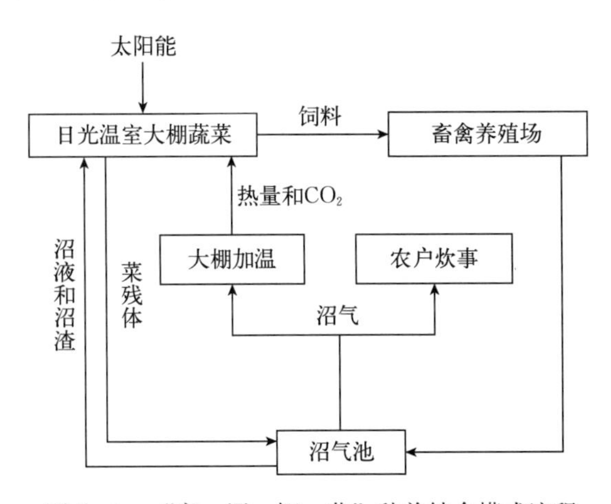

图 6－1　“畜—沼—棚—菜”种养结合模式流程

（三）配套措施

1. 技术体系

（1）工艺流程技术要点。在日光温室大棚内建造小型沼气池，将蔬菜生产中产生的废弃物与畜禽养殖废弃物作为沼气池原料，进行厌氧发酵无害化处理，沼气池所产

沼气，在大棚内通过沼气灯或沼气加温炉燃烧，为日光温室增温，燃烧释放的CO_2作为日光温室大棚栽种植物的气肥，沼气池产生的沼液沼渣就地作为肥料，在大棚内就地消纳施用。

（2）核心技术。玻璃钢沼气池、隧道式小型沼气工程建设技术以及沼气池与大棚配置技术，要依据大棚加温与废弃物处理需要，规划设计大棚沼气池建设容积以及布局，在不计算散热的情况下，每100 m^3 的大棚升温10 ℃约需燃烧沼气0.06米^3，每燃烧1米^3 沼气可产生0.975米^3 CO_2。沼气建设与操作，按照《沼气池建设户用沼气池标准图集》（GB/T 4750—2016）、《户用沼气池密封涂料》（NY/T 860—2004）、《户用沼气脱硫器》（NY/T 859—2004）、《农村家用沼气管路设计规范》（GB/T 7636—1987）、《农村家用沼气管路施工安装操作规程》（GB/T 7637—1987）、《农村家用沼气发酵工艺规程》（DB 32/T 1740—2011）、《沼气阀》（GB/T 26715—2011）、《沼气压力表》（NY/T 858—2004）、《家用沼气灯》（NY/T 344—1998）等标准或规程执行。

（3）配套技术。配套技术包括沼气站科学管理技术和沼气站安全运行技术以及沼肥沼渣施肥技术，在模式推广应用中，要根据日光温室大棚沼气池建设与使用的特点与要求，规范沼气池管理维护、沼气灯使用以及沼液、沼渣施用等技术。

2. 政策措施

《农业部关于进一步调整优化农业结构的指导意见》明确提出要大力推广生物有机肥、畜禽粪便资源化利用区域性示范；甘肃省在贯彻落实《国家应对气候变化规划（2014—2020年）实施意见》中，也明确提出要大力推广“猪—沼—果”等低碳循环生产方式；《甘肃省农村能源条例》提出鼓励单位和个人利用有机废弃物建设沼气集中供气、沼气发电工程。这些政策都为本模式推广应用提供了必要的政策保障。

3. 运行机制

本模式的应用与运行，在政府相关鼓励政策支持下，由日光温室大棚种植户申请沼气工程建设，沼气工程由专业工程队负责建设与安装，种植户负责沼气工程维护与管理，由当地农村能源技术推广部门负责技术培训与技术指导，以确保“畜—沼—棚—菜”种养结合模式可持续发展。

（四）应用推广情况

“畜—沼—棚—菜”种养结合模式，在凉州区日光温室示范点试验示范推广1 300亩。该模式推广后，产生了显著的经济效益、社会效益、生态效益。

1. 经济效益

每个沼气池年产沼气380～450米^3，沼气用于温室增温和日常炊事，年节约煤266～315千克，节约电约260千瓦时。每个沼气池年产沼肥5 000千克左右，年节约购买化肥的费用约1 500元。

2. 社会效益

应用“畜—沼—棚—菜”种养结合模式，不但能减少农药、化肥的使用量，还能使蔬菜瓜果产量提高15%～30%，合理使用，科学管理，可以达到无公害绿色有机农产品的要求，增加农民收入。

3. 生态效益

“畜—沼—棚—菜”种养结合模式应用，将周边养殖场粪污通过沼气池厌氧发酵，消除养殖场对环境污染，实现粪污无害化处理；产生沼肥可作为优质有机肥施用于日光温室蔬菜瓜果，不但改良土壤，减少化肥和农药使用量，还能增产增收，提高作物品质与质量安全；产生的沼气是一种优质能源，可用于农户炊用及温室增温、增加气肥等，减少对外部商品能源的依赖和石化能源的消耗。同时，该模式提高了农民的环境保护意识，促进农业资源综合利用和农村经济的可持续发展。

（五）适宜地区

该模式适宜于我国淮河、秦陵以北的日照充足、地势平坦、昼夜温差大的广阔地区。

温室大棚内沼液池见图6-2，蔬菜种植见图6-3，瓜果种植见图6-4，小型沼气工程见图6-5。

图6-2　温室大棚内沼液池

图6-3　蔬菜种植

图6-4　小型沼气工程

图6-5　瓜果种植

二、寒地规模化养猪场种养结合循环利用模式

（一）模式简介

该模式以规模养猪与饲料玉米种植为核心，以厌氧发酵与高温堆肥为纽带，实现区域内废弃物无害处理与循环利用。其中，猪粪污厌氧发酵生产的沼气沼液通过灌溉施用农田，猪粪与玉米秸秆混合堆肥，病死动物与稻糠粕、秸秆粉等辅料混合经无害化高速处理设备，生产出高蛋白、高磷有机肥，堆肥及有机肥回用玉米饲料地，通过废弃物碳、氮、磷及水的循环利用，实现区域清洁生产与生态环境友好目标。该模式以哈尔滨鸿福养殖有限责任公司为代表。

（二）模式流程

1. 模式流程（图 6－6）

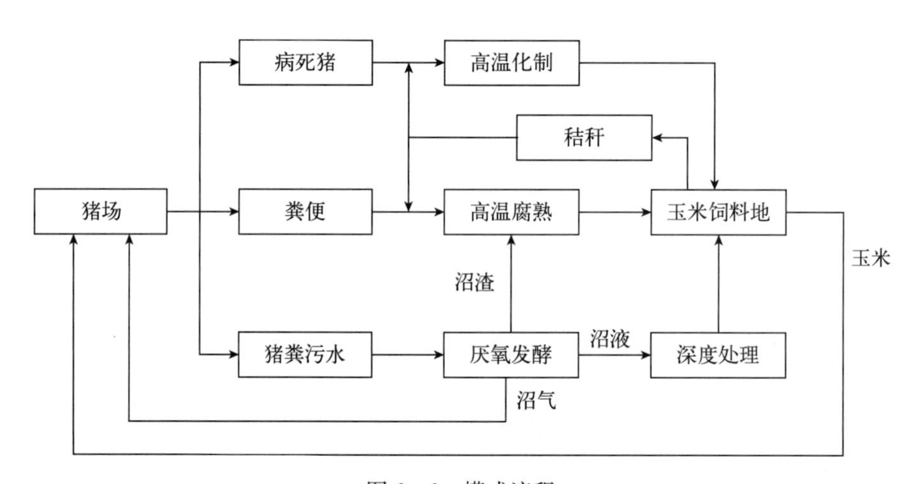

图 6－6　模式流程

2. 模式实景（图 6－7）

（三）配套措施

1. 技术体系

工艺流程要点：猪场采用干清粪方式，收集的干粪直接与秸秆及沼渣混合，高温发酵腐熟，制备有机肥料，有机肥料通过撒肥车，直接回到玉米饲料地；残存的粪污水，通过栅栏去除悬浮物和杂质，进入“ABR＋AF”厌氧处理系统，沼液采用 A/O 好氧系统＋臭氧接触氧化＋生物接触氧化组合生物处理工艺，再经过“混凝沉淀＋臭氧消毒”深度处理工艺，作为饲料地灌溉用水。病死动物尸体进入添加粉碎秸秆与稻

生猪粪污水综合处理系统

微生态制剂车间

生猪尸体无害化处理设备

有机肥腐熟车间

物料腐熟翻堆作业

有机肥抛撒还田

图 6-7　模式实景

糠粕等填料的无害化高速处理系统，进行高温发酵无害化处理，处理产物作为高氮高磷有机肥料；厌氧发酵产生的沼气用于猪场锅炉，为猪舍提供热源，同时，也用于饲养管理人员照明或烧饭等。

核心技术：猪粪污水“ABR+AF”厌氧处理系统与病死动物无害化高速处理设备，其中：“ABR+AF”厌氧处理系统，是在ABR反应内添加组合填料，反应器结构简单，无机械搅拌，建设成本低，水力滞留时间短，可进行间歇式运行，较适应养殖场间歇排水特点与干清粪形成的低浓度冲洗粪尿水处理要求，同时可以在寒地低温条件下正常运行；病死动物无害化高速处理设备，可实现病死动物养殖场就地处理，且具有处理简单、快速，处理产物可直接作肥料施用。

配套技术：深槽式堆肥系统，可适应寒地低温条件下高温腐熟堆肥要求；沼液深度处理系统，可满足农田灌溉与达标排放双重要求，降低了沼液可能产生的二次污染风险。

配套装备：病死动物无害化高速处理机、槽式堆肥翻料设备、有机肥料田间抛撒车辆等。

2. 政策措施

在养殖场为消纳养殖废弃物需要流转农田时，应提供优先、优惠政策支持，同时，为养殖场粪污处理设施所提供所需配套用土指标，以满足养殖场废弃物处理与循环利用需要。

3. 运行机制

由企业运营管理，构建“生猪繁育与养殖、粪污水综合利用与有机肥生产、农作物种植和饲料加工”三个环节紧密衔接，物料循环利用的运行机制。

（四）应用推广情况

由鸿福公司构建的寒地规模化养猪场粪污水综合利用与种养结合的绿色生态循环模式，解决了我国寒地沼气工程系统在8.5～15℃低温不用内加热即可实现好氧和厌氧利用的瓶颈难题，实现了寒地低温大型生猪养殖场粪污水无害化处理和资源化利用，该模式不仅在企业内部进行运行应用，同时还有效解决了周边区域养殖场粪污污染、畜禽尸体危害、秸秆焚烧、黑土地退化等生态环境问题，为保护环境和黑土地耕地质量做出了积极贡献，取得了良好的经济效益和生态效益。

（五）适宜地区

该模式适宜在养猪企业有配套饲料地的寒地低温地区和相同条件的其他地区推广应用。

三、“稻秸微贮养羊—羊粪制肥还田”的双链模式

（一）模式简介

该模式以村办农场为载体，以发展生态循环产业为目标，集聚国内外科研力量，引进国外先进装备，形成了完整的“稻秸机械收集打捆包裹微贮-TMR饲料制备-湖羊规模圈养-羊粪制备有机肥料-农田回用”农业废弃物循环利用生态链和以微贮稻秸、肥料与稻米、羊肉等为商品的产业链，可实现区域农业废弃物资源化利用。该模式以江苏太仓市东林村为代表。

（二）模式流程

1. 模式流程（图6-8）

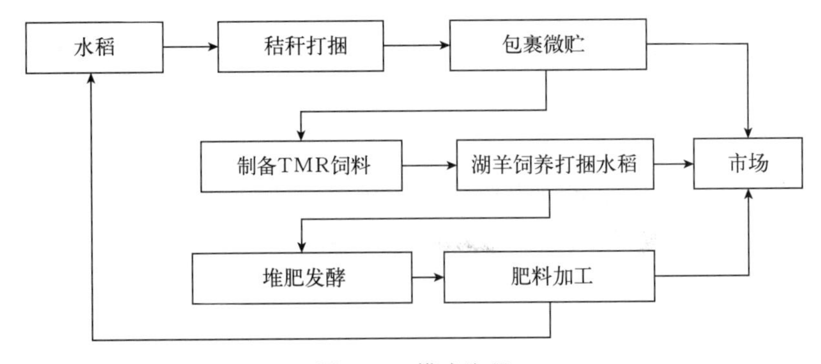

图6-8　模式流程

2. 模式实景（图 6－9）

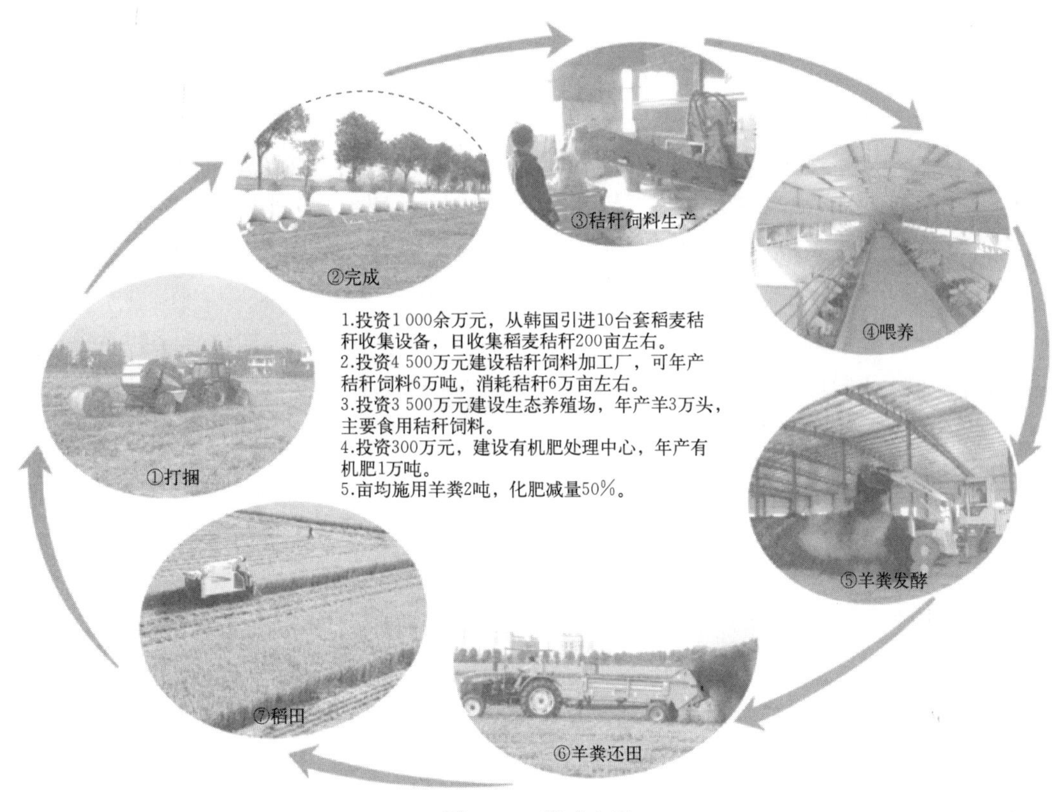

图 6－9　模式实景

（三）配套措施

1. 技术体系

工艺流程要点：在稻秸捡拾打捆的同时添加乳酸菌剂，以保证收集打捆稻秸微贮 6 个月以上不霉变，同时保持稻秸乳酸发酵原有的风味，微贮半个月以上，即可作为商品饲料销售给周边食草动物（如奶牛场等）粗饲料；以微贮后稻秸为主要粗饲料，再添加其他农副产品或食品加工废弃物与饲料添加剂，经 TMR 机制备湖羊全价日混饲料，以提高稻秸的适口性与消化率；采用高架漏粪床圈养湖羊，羊粪机械收集后，采用条垛式堆肥工艺进行高温腐熟堆肥，经粉碎筛分后，采用厩肥抛撒机完成有机肥农田回用与水稻化肥减量施用，或经添加其他无机养分，制备有机肥料与有机无机复混肥，进入市场销售。

核心技术：包括稻秸微贮乳酸菌剂技术和 TMR 全混饲料制备工艺技术，稻秸微贮乳酸菌剂技术包括稻秸选择、饲料青贮乳酸菌剂和秸秆捡拾打捆同时精确定量接种装备与技术。为确保微贮稻秸饲用安全与质量，应选择动物消化率高的水稻品种秸秆。在水稻收割前1个月内，严禁使用有毒或高残留农药。水稻成熟后应及早收获。要求使用乳酸菌剂有效活菌数应达10^9个/克，且发酵效果好。

配套技术：包括湖羊圈养技术及羊粪高温堆肥技术与有机肥料、有机无机复混肥料制备技术。应选择生长快、适合圈养的羊品种，同时采用高架漏粪床方式饲养，以便于粪便收集与保持羊舍清洁。羊粪堆肥，可采用条垛式或槽式堆肥工艺，应遵照《畜禽养殖业污染防治技术规范》（HJ/T81—2001）标准，达到粪便无害化标准，所生产肥料应符合《有机-无机复混肥料》（GB 18877—2009）或行业标准《有机肥料》（NY 525—2012）。

配套设备：本范例采用从韩国引进的全套稻秸捡拾加捆、草捆包膜、包裹秸秆转运设备以及微贮稻秸TMR全混饲料制备设备、有机肥料田间撒施设备等机械设备，也可选择国内众多机械制造厂生产的圆捆秸秆捡拾打捆机、包裹机以及TMR机等。

2. 政策措施

双链模式的顶层设计与产业规划有机对接国家、省、市有关农业突出环境问题治理、生态循环农业发展等扶持政策，太仓市政府积极向上争取项目建设资金，并按上级政策要求足额进行资金的地方配套，减轻村级集体固定资产投入负担。太仓市本级财政同时对实行绿色生产方式的新型经营主体所需的装备、设施（如机库房、大马力拖拉机、新型农机等）和关键环节作业（如秸秆离田收集、有机肥还田等）进行奖补，做到"上级有补贴、本级有奖励和上级没补贴、本级有补贴"的财政支持。项目所需的设施农业用地、建设用地实行市级层面统筹，优先供应。

该模式的政策措施包括但不限于规划方案、规章规定、投资补助、终端补贴、税收优惠、特许经营以及相关的土地、电价、运输等扶持政策。

3. 运行机制

构建了种养有机衔接保证模式长效稳定运行的机制。为加强循环农业各产业板块的废弃物增值利用有效连接及其生产经营能力相互适配，形成饲料厂、有机肥厂、养羊场、农场、米厂、农机服务合作社等合作共赢、利益共享的联合体；明确产权，实行项目形成的固定资产属村集体所有的产权制度；强化产业村级集体经营的主导地位，实行各产业板块独立核算、目标考核的负责人经济责任制；推动创新创业，成立农业科技有限公司，组建农业科研院所加盟的创新团队，大力培养产业经理与职业农民，实行大承包、小包干，确保产业可持续发展的人力保障与创新保障。

加强农业技术研发和运用，与涉农大专院校、农业科研部门紧密合作，实行产、学、研结合，形成了集产地环境、生产过程、产品质量、加工包装、废物利用、经营服务于一体的标准体系和技术规范，使生态循环农业技术涵盖产前、产中、产后各环节。积极推进传统实用技术与现代信息工程技术、生物工程技术、环境工程技术等有机结合，为生态循环农业持续发展提供了保障。切实加强了合作农场、生态养殖场、生态米厂等生产经营人员生态循环农业技术培训，提高操作技能，使种植业、养殖业、加工业的机械化、自动化、信息化水平得到提升。

（四）应用推广情况

近年来，秸秆生物发酵饲料已得到越来越多的饲养厂认可，并出口韩国、日本。随着草畜业的不断发展，牛、羊数量急剧增加，对秸秆生物发酵饲料的需求也会越来越大。秸秆生物发酵饲料作为商品饲料对畜牧业的壮大发展必将起到积极的推动作用。

太仓市东林村现形成年产 3 万吨秸秆发酵粗饲料、3 万吨秸秆全价混合日粮的生产能力，产品市场主要是牛羊规模养殖企业，并已逐步销往如伊利、蒙牛、光明等奶业集团及海门兴瑞山羊合作社及江苏喜洋洋牧业有限公司、江苏（泰州）西来原生态农业有限公司等肉羊养殖企业。同时正在建设区域性的秸秆全混合日粮加工配送中心，满足周边牛羊养殖户的需求。

（五）适宜地区

该模式主要适宜在农田秸秆资源丰富的地区进行推广。

包裹秸秆包见图 6－10，秸秆发酵后用于喂羊见图 6－11，厩肥机抛撒羊粪有机肥见图 6－12。

图 6－10　包裹秸秆包

图 6－11　秸秆发酵后用于喂羊

图 6－12　厩肥机抛撒羊粪有机肥

四、有机废弃物多能源联供综合利用模式

（一）模式简介

针对农村现有的农业废弃物、畜禽粪便、有机生活垃圾无序丢弃和低级利用的现状，为改善农村居住环境，开发建立农业废弃物“沼气—电力—有机肥—热（冷）四联供”能源供应循环利用模式。该模式以农村有机废弃物全部收集为基础，以利用农村有机废弃物生产沼气为核心，以满足小康生活水准的新型城镇化所需要的燃气、电力、热力、冷媒等多种形态能源供应为目标，达到减少化肥使用量和增加有机肥、生物肥利用为目的。该模式以天冠集团为代表。

（二）模式流程

1. 模式流程

有机废弃物多能源联供综合利用模式流程见图 6 - 13。

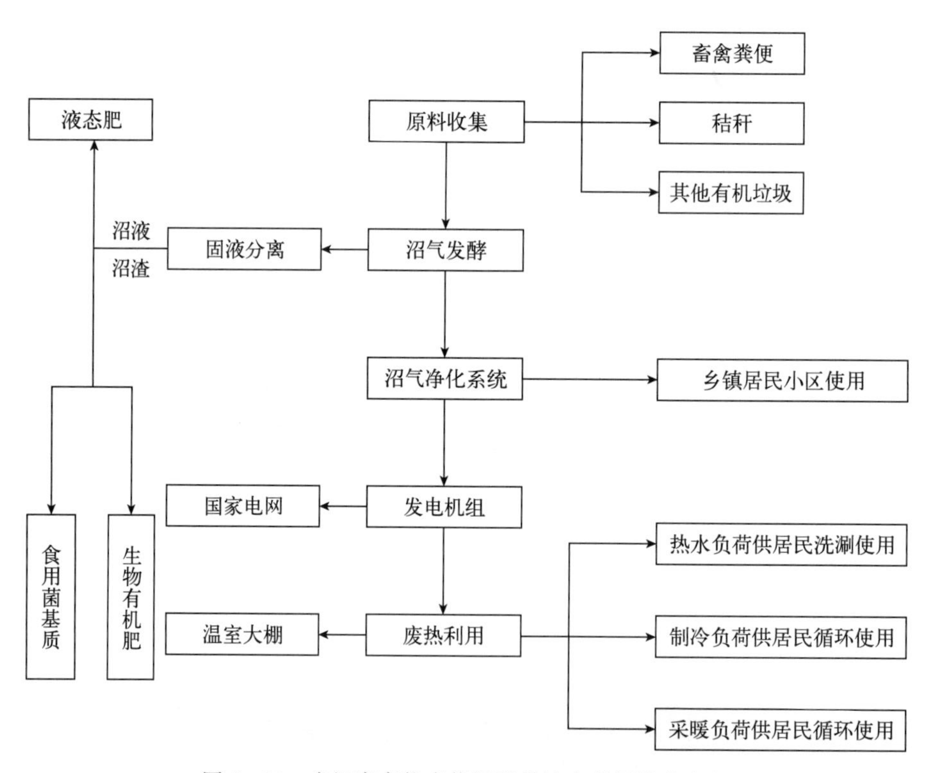

图 6 - 13　有机废弃物多能源联供综合利用模式流程

2. 模式实景

有机废弃物多能源联供综合利用模式实景见图 6 - 14。

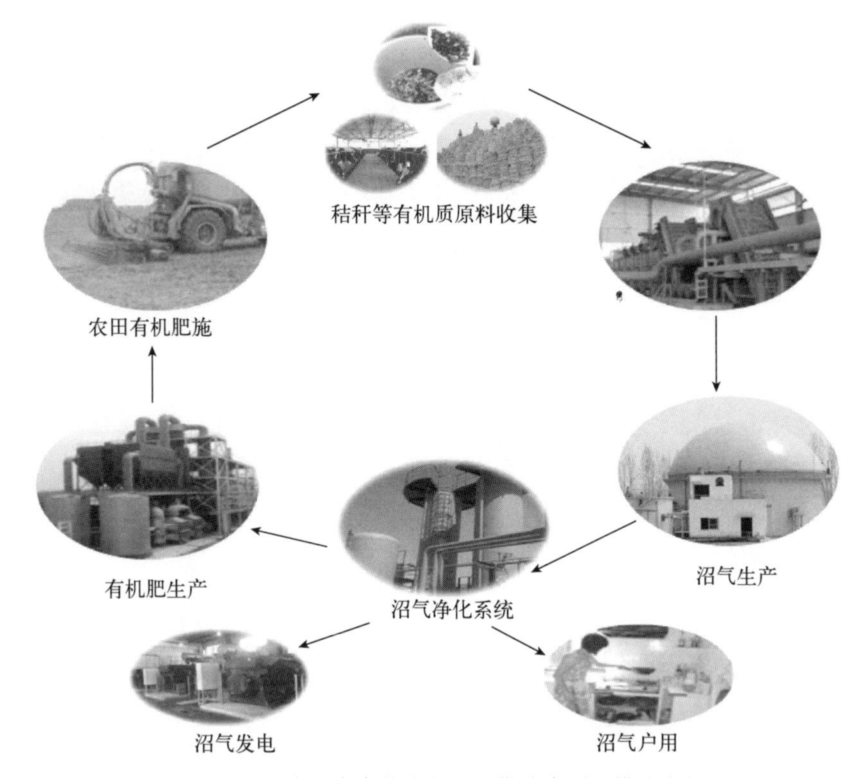

图 6-14　有机废弃物多能源联供综合利用模式实景

3. 原料收储系统

原料的收集采用自行收购、设立固定收购基站、以村组为单位设立收购点 3 种模式，尽可能地为农户交售秸秆、有机废弃物创造便利条件，形成良好的市场氛围。

原料收集见图 6-15。

图 6-15　原料收集

4. 沼气生产

以秸秆及畜禽粪便等有机质废弃物为主要原料，采用两相发酵工艺，运用智能化综合控制手段，建设适合乡镇的分布式能源的小型沼气工程，其容积产气率可达 2 米^3 沼气/（米^3·天）。

废弃物进入沼气工程处理见图 6-16。

图 6-16　废弃物进入沼气工程处理

5. 固液分离及循环冷却系统

发酵液在发酵罐停留一定的时间后，泵送至固液分离机进行固液分离，分离后的沼液在系统内回流循环利用，沼渣运往有机肥车间制成有机肥。

固液分离及循环冷却系统见图 6-17。

图 6－17　固液分离及循环冷却系统

6. 沼气发电及废热利用

创新开发的“沼气—电力—有机肥—热（冷）四联供”能源供给模式，将沼气燃烧后的高温热能先变为电能，而温度低的低品位热能用于供热、制冷、系统物料升温和系统工艺保温，发展热能梯级利用技术，合理调节热、电、冷联供技术，平衡城镇电力和燃气负荷的峰谷差，提高热能综合利用率，实现能源利用最大化，为国家建设集约节约、绿色低碳的新型城镇做出了产业示范。

7. 有机肥生产制备

将沼渣用装载机送入有机肥生产车间，送到混合搅拌装置并按原料成分粗调堆肥物料水分、碳氮比混合，堆成条垛式，经过15～20天的腐熟，将堆肥成品进行筛分，筛下物造粒后，送入由发电机尾气供热的烘干机，进行烘干，按比例添加微量元素制成成品，入库待售。

8. 有机肥产品及应用

有机肥产品及应用见图 6－18。

有机肥产品

液态肥还田

园区生态葡萄种植

园区月季种植

园区有机蔬菜种植

图 6－18　有机肥产品及应用

根据不同种类农作物的需求，通过测土配方针对性添加 N、P、K 等微量元素以及微生物菌种，制成了适用于果木、农田、蔬菜的有机肥，提高产品的附加值。

（三）配套措施

1. 技术体系

（1）*核心技术及其要点*。本工艺主要原料为秸秆，采用中温水解、高温发酵的技术特点，具有发酵效率高、甲烷浓度高、自动化程度高、原料适应性广等主要技术特点。采用混合原料，原料可以多样性自由组合；沼气用途可根据项目所在地实际情况进行分配和调整，灵活性大。通过对秸秆转化的理论、生产工艺、生产装备、液态固体有机肥等方面进行研究，形成了多项创新核心技术。

① 探索建立了高效、低能耗的秸秆降解模式，形成“沼气—电力—有机肥—热能”四联产工艺体系。

② 在生产工艺方面，通过对微生物菌群的耐受性、好氧菌和厌氧菌的均衡性、水力停留时间、碳氮比等不同工艺参数的研究，确定了两相厌氧发酵产沼气的工艺路线。这种工艺对原料有广泛的适用性。

③ 在生物有机肥生产方面：

A. 液体有机肥技术。农业部颁布了 NY/T 2065—2011《沼肥施用技术规范》，指导和鼓励沼液、沼渣应用于农田，本模式厌氧沼液是一种很好的生态肥料。

B. 固体有机肥技术。固液分离后的沼渣，在堆料棚经过有氧后发酵，进一步实现减量化、稳定化，然后经过调制、烘干、制粒后，生产商品有机肥料，走向市场。

（2）*配套技术*

① 在原料收储运方面，创立了原料供给保障体系、制定了原料收储标准。针对秸秆收集原料保障和工业化生产路线，构建了秸秆资源供给体系，制定适合沼气原料的收储运质量标准，设计优化了堆垛结构技术规程，建立了持续稳定、灵活多样的收储运秸秆资源供应模式。

② 在沼气的生物脱硫方面，可在发酵罐内直接实现。较传统的化学脱硫、生物脱硫运行成本低，自动化程度高，操作简便，造价较低。

③ 在沼渣、沼液的分离方面，采用螺杆泵将需要分离、过滤的发酵液，抽至固液分离机进料口，然后经固液分离机螺旋绞龙叶片挤压过滤，该机型主要部件采用不锈钢合金制造，耐腐蚀性好。

④ 在热电联产系统方面，为了回收内燃机烟气余热，系统配有烟气余热回收锅炉，余热回收锅炉所产蒸汽，进入有机肥生产车间，供沼渣烘干使用。由于余热锅炉的应用，燃气发动机排放的高温烟气中的热量被高效回收，既节约了能源，又减少了环境热污染，具有较好的经济效益和社会效益。

2. 政策措施

（1）现有国家规划方案、规章规定。我国发展秸秆沼气前景广阔，符合国家产业政策和行业发展规划。2005年，全国人民代表大会通过了《中华人民共和国可再生能源法》，明确规定国家将可再生能源的开发利用列为能源发展的优先领域，要求通过制定可再生能源开发利用总量目标和采取相应措施，推动可再生能源市场的建立和发展。到2040年，我国可再生能源发电所占比例可以达到30％甚至更高（不含大水电），成为重要的替代能源。

国家能源局《2016年能源工作指导意见》提出积极开发利用生物质能等新能源，加快生物天然气开发利用，推进50个生物天然气示范县建设。

（2）现有终端补贴、税收优惠、特许经营以及相关的土地、电价、运输等扶持政策。

财税支持。由于秸秆沼气项目具有良好的综合效益，相关产品都享受国家税收政策优惠：根据财税〔2015〕78号文件，电和沼气享受增值税即征即退政策。根据财税〔2008〕56号文件，有机肥享受增值税免税政策。

根据装置规模，国家“大型农村沼气工程建设资金补助”按1 500元/米^{3}给予建设投资补助。

河南省发展和改革委员会《关于鹤壁鹤淇发电有限责任公司等发电企业执行电价的通知》，项目秸秆沼气发电执行每千瓦时0.75元的上网电价。

（3）秸秆原料初加工电价优惠政策

河南省人民政府办公厅关于印发《河南省2016年节能减排降碳工作安排》的通知中指出，加大对秸秆还田、收集一体化农业机械的财政补贴力度，将秸秆打捆、切割、粉碎、压块等初加工用电纳入农业生产用电价格政策实施范围。落实绿色债券发行指引，完善绿色信贷和绿色债券政策，简化绿色循环低碳发展项目债券审核程序，稳步提升直接融资比重，扩大对节能环保产业的信贷规模。

3. 运行机制

目前天冠集团已建成农村有机物综合利用多种非化石能源联供模式投产项目一个，地处位于南阳市卧龙区潦河镇的南阳国家农业科技园区内，项目所需原料均来源于项目厂址周边区域。

（四）应用推广情况

本项目为秸秆沼气综合利用工程，产品主要为沼气和电。该项目年可消耗秸秆原料1.2万吨，满负荷生产年产沼气432万米^3，发电432万千瓦时，供附近居民用气216万标准立方米，联产有机肥料7 200吨。

1. 经济效益

项目实施后年均净利润 245 万元，年均可给国家和地方上缴税金 69 万元，全部投资所得税前投资财务内部收益率 16.06%，投资回收期（静态）为 6.6 年（含建设期）。全部投资所得税后财务内部收益率 13.42%，所得税后投资回收期（静态）7.36 年（含建设期），项目有一定的盈利能力和清偿借款能力。

2. 社会效益

项目立足于本地区的秸秆、禽畜粪便等有机质资源条件，在秸秆沼气工程发展思路上，探寻秸秆、禽畜粪便等有机废弃物厌氧发酵产沼气的有效途径，对于促进沼气技术创新和沼气的可持续推广应用、提高有机质资源的资源化利用率均具有十分重要的意义。生产过程无异味、无污染、“零排放”，采用水解酸化工艺可使产气量较传统方式提高 53%，全部用于生物质燃气生产，实现了农业废弃物的循环综合利用。

3. 生态效益

该模式将农业农村有机废弃物收集，实现资源利用，不仅改善了农村环境、降低环境污染风险，同时还可获得清洁能源与优质肥料，其生态效益显著。

（五）适宜地区

该模式适宜在全国玉米和小麦等秸秆资源丰富的种植区推广应用。

五、农业废弃物制沼、制肥片区处理利用模式

（一）模式简介

该模式以行政村为单元，按照种养结合、生态循环理念，遴选合适地点建设 1 个中型或大型沼气工程站，每日收集片区内所有养猪户及邻村散养猪场粪尿，同时收集行政村内农作物秸秆、蔬菜残体等废弃物，进行集中处理，所产沼气通过管道直接供应周边居民，沼液、沼渣就地还田，区域所有沼气站点全部托管服务，由专业化公司统一运营管理与服务。该模式以崇明区为代表。

（二）模式流程

1. 模式流程（图 6－19）

2. 模式实景（图 6－20）

（三）配套措施

1. 技术体系

模式流程技术要点：统一设计小型分散养猪舍“两分、两配套”技术规范，即

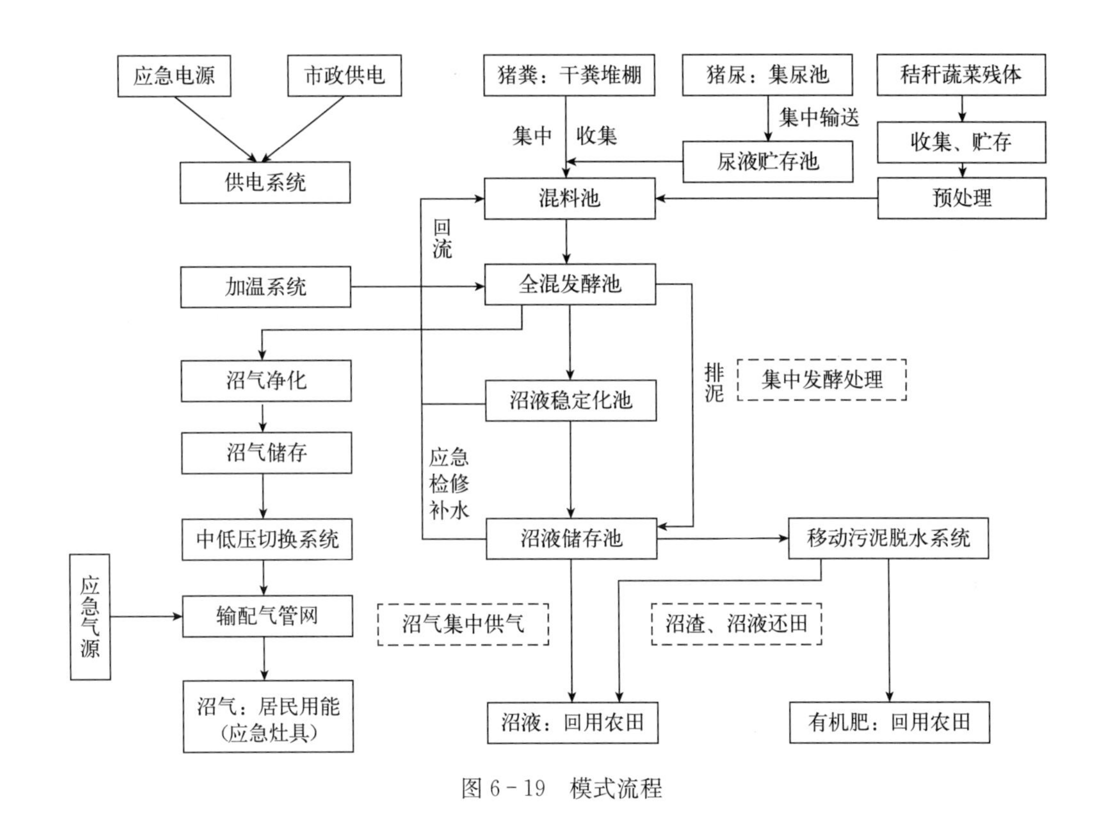

图 6-19　模式流程

图 6-20　模式实景

“雨污分离、干湿分离”“配套粪污收集、贮存池，配套冲洗水收集与消纳农田”，收集的粪污运至沼气站，进入调节池与经粉碎揉搓后的秸秆混合，泵入全混式厌氧发酵罐，所产沼液、沼渣经固液分离，沼液直接农田回用，沼渣经脱水处理，装袋后作为片区内其他蔬菜基地基肥，实现种养结合、资源利用、环境友好。

核心技术：该项目采用同济大学可控沼气工程技术体系，以高分子材料替代传统材料，解决传统沼气工程漏气问题；增加了新型加温保温系统，确保了厌氧反应器温度稳定，解决冬季低温难发酵不能持续供气的问题；设计安装了远程控制系统，可实现远程控制与用户抄表，提高了工作效率。

配套技术：组合固液分离技术，大大提高了固液分离效果，较卧旋离心固液分离降低了运行费用；沼液农田施用技术，依据作物需水需肥规律，制订了沼液与其他肥料科学运筹施肥方案，在完全消纳沼液的同时，减少化肥施用，提高作物产量。构建了应急气源、应急电源系统，以确保沼气用户全年不间断用气需要。

配套设备：养殖粪污收集车辆、秸秆田间捡拾打捆机、秸秆粉碎揉搓设备、厌氧发酵罐、地源热泵、固液分离机等。

2. 政策措施

（1）农村中小型养猪场沼气工程：由市、区财政承担中小型养猪场（户）片区沼气工程和相关配套设施的建设资金，其中市财政承担 90%，区财政承担 10%。规模化畜禽养殖场减排沼气工程：上海市制订《上海市“十二五”规模化畜禽养殖场污染减排实施方案》，明确了沼气工程的技术路线，并对不同规模的养殖场予以建成运行后一次性补贴。补贴标准为建设资金的 77%（其中市财政承担 69.3%，区财政承担 7.7%，建设单位自筹不少于 23%）。

（2）农村中小型养猪场沼气工程后续运行维护管理，崇明区制定了《崇明区沼气工程运行管理办法（试行）》（崇农发〔2016〕52 号），以沼气发酵池容积为底数，每年按照 200 元/米^3 的标准，由区、乡镇两级财政予以沼气工程托管运行服务费补贴，沼气工程核心部分工艺设备到期更换费用由区财政给予补贴。

3. 运行机制

项目投资上，崇明把沼气工程按照农村公益基础设施予以建设，除规模场外，农村沼气工程采取政府全额投资，市、区两级财政分担。技术上，通过初期的技术方案比选，确定同济大学生物质能源研究中心为技术依托单位，实现沼气工程技术可控；按照技术支撑与工程建设分开核算，确保技术支撑的独立性。

工程建设和运营始终坚持建管一体化，要求建设单位对未来工程运行负责，一方面确保工程建设的质量可靠，另一方面确保工程建成后运行主体的明确落实。

崇明片区沼气模式，采取类似于 PPP 的模式，实行“产学研政”紧密合作，高起点设计、建设、运营沼气工程，最终确保该模式持续高效、稳定运行。

（四）应用推广情况

从 2009 年起，为实现农村畜禽粪尿资源化综合利用，上海选择崇明区开展了新一轮的农村沼气工程建设。随着畜禽养殖场粪尿先能源化后资源化综合利用的深入，综合效益全面显现。截至目前，市、区两级政府共投入资金6 400多万元，在崇明区先后建成了19个养殖场（户）片区沼气工程，覆盖11个乡镇，日产沼气1万～1.2万米^3，受益农户4 000多户，还为一个养老院食堂提供沼气。沼气工程年节约能源约730吨标准煤，受到了农村基层干群的普遍欢迎。

通过工程的实施，项目覆盖区内成功地形成了将沼气生产、高效有机肥生产和养殖业污染物处理、农作物秸秆利用有机结合在一起的经济运行模式。

沼气工程为崇明区养殖业和绿色农业的良性发展提供了肥料和环境支撑，为小城镇和农村社区提供了清洁能源，促进了当地美丽乡村建设，改善了周边居民的生活水平。例如，竖新镇大东村的片区沼气工程能有效收集周边3个行政村20户小型养殖场3 000头生猪粪污与周边近千亩稻田的秸秆，不仅解决了当地养殖污染与秸秆焚烧等问题，还通过铺设沼气管网供应周边252户居民和一个社区养老院的生活用能，并为当地2 000亩农田提供有机肥料。崇明区的19处片区沼气工程解决年存栏6.7万头生猪的污染减排与部分稻田秸秆等问题，有效削减了陆域往水体排放的污染量，保护了当地的水源。

（五）适宜地区

片区沼气工程是以行政区域为收集对象，对养殖类型和规模的限制降低，同时，可处理利用蔬菜残体或农作物秸秆，适用于我国大部分农业地区养殖小区和养殖专业户聚集区的连片治理。

六、多种有机废弃物混合发酵制沼制肥循环利用模式

（一）模式简介

该模式以秸秆、畜禽粪污、餐厨垃圾等多种农村有机废弃物为主要原料，混合中温厌氧发酵，产生沼气提纯制取生物天然气，作为车用或民用燃料；产生沼渣、沼液制成高效有机肥料，农田回用；将传统线型经济模式改造为闭环多级利用经济模式，变废为宝，促进农业良性循环、改善环境、节本增效。该模式以贵州省安顺市为代表。

（二）模式流程

1. 模式流程（图6-21）

2. 模式实景（图6-22）

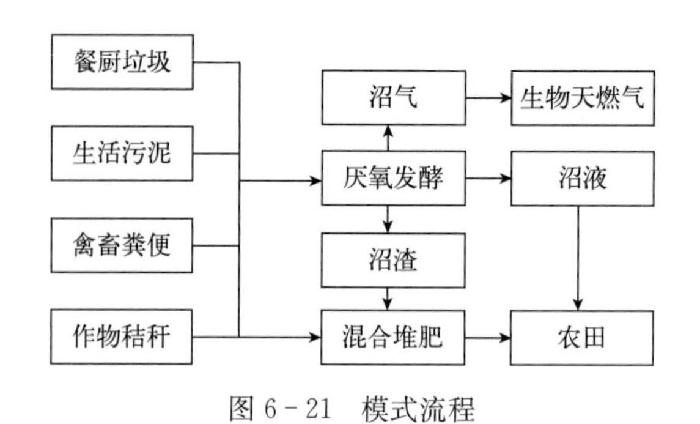

图 6-21　模式流程

图 6-22　模式实景

（三）配套措施

1. 技术体系

工艺流程技术要点：依据不同原料特性，分别采用切碎、粉碎等预处理，计量后，进入调节池混合，采用 CSTR 湿式中温厌氧发酵，所产沼气进行提纯，生产生物天然气，作为车用与民用燃料，沼气工程出料经固液分离后，沼渣堆肥，作商品有机肥料，沼液直接农田回用，以实现多种废弃物无害化处理与利用、再利用的物质、能量循环。

核心技术：预处理＋CSTR 湿式中温厌氧发酵＋沼气提纯压缩技术，采用 CSTR 工艺，可适应多种混合原料高浓度发酵要求，其适应性强、耐负荷冲击，具有产气率高、费效比显著等优势。

配套技术：主要有沼渣高温堆肥腐熟制备有机肥料技术与沼液农田回用技术，主要依据沼渣特性，添加少量新鲜秸秆，加快沼渣堆肥升温与脱水干燥；依据农作物种植品种与方式不同，选择不同沼液消纳方式，在设施栽培中，采用水肥一体化模式，即将过滤后的沼液泵入水肥一体化系统，采用滴灌方式为作物提供水分与养分；大田栽培中，将沼液作为底物一次施用，少量作为追肥，随灌溉水施用或直接叶面喷施，以全量消纳沼液，替代 50%左右的化学肥料，并减少部分农药施用量，实现“两减”目标。

与该模式有关的主要技术标准有《沼气工程规模分类》（NY/T667）、《沼气工程技术规范》（NY/T 1220）、《城镇燃气设计规范》（GB 50028）、《城镇燃气输配工程施工及验收规范》（CJJ33）、《沼肥加工设备》（NY/T 2139）、《沼肥施用技术规范》（NY/T 2065）、《有机肥料标准》（NY 525）等。

2. 政策措施

国家扶持政策是生物天然气产业发展的助推器。模式成功推广应用，需要得到政府对压缩天然气（CNG）的补贴价格、沼渣有机肥推广补助、税收优惠等政策支撑。

（1）地方政府推动建立秸秆收集体系，贵州西秀区成立由区长任组长的“秸秆禁烧工作领导小组”，各乡镇相应成立工作组，负责辖区内秸秆禁烧和收储工作。全区建立秸秆收储点 20 个，覆盖全区 16 个乡镇，区政府按每个网点补助 20 万元给予支持，网点由企业与乡镇农业中心负责，确保秸秆收储，以保障规模化生物天然气工程原料稳定供应。

（2）地方政府制定农业废弃物排放监管制度和建立污染者付费机制。

（3）项目实施主体与当地城管局签订餐厨垃圾集中收运处置特许经营合同，达成餐厨废弃物集中收运、处置补贴标准等协议。

3. 运行机制

该模式主要采用企业化运营，依据政府相关的收费标准与各种优惠政策，企业独立自主、自负盈亏进行商品化运营。

（四）应用推广情况

本模式工程全部建成后，每年可有效利用餐厨垃圾 3.6 万吨、秸秆 3.06 万吨、畜禽粪污 3.96 万吨，年产生物天然气 720 万米^3，固体有机肥 2.8 万吨、液体有机肥 15 万米^3，碳减排约 6 850 吨/年，生产的生物天然气每年可代替标煤 1.008 万吨，同时，可极大地改善周边生态环境，提升土壤地力，促进种植业健康可持续良性发展。

（五）适宜地区

该模式工程项目由于本身配备沼气发电机组和沼气锅炉进行供热，因而对地理、气候条件等无特殊要求。由于同时使用秸秆、畜禽粪便以及其他有机废弃物进行处置，在种植业与畜牧业均衡发展的区域均可以推广应用。

七、秸秆畜禽粪便基料利用的“C＋P＋C”模式

（一）模式简介

该模式利用农作物秸秆与猪粪或奶牛粪污混合，制备标准化、商品化的食用菌栽培基料，采用“C＋P＋C”（即“公司＋农户＋公司”）的经营方式，以实现农业废弃物产业利用目标，同时带动农民增收，改善农村生态环境。该模式以河北省赤城县为代表。

（二）模式流程

1. 模式流程（图 6－23）

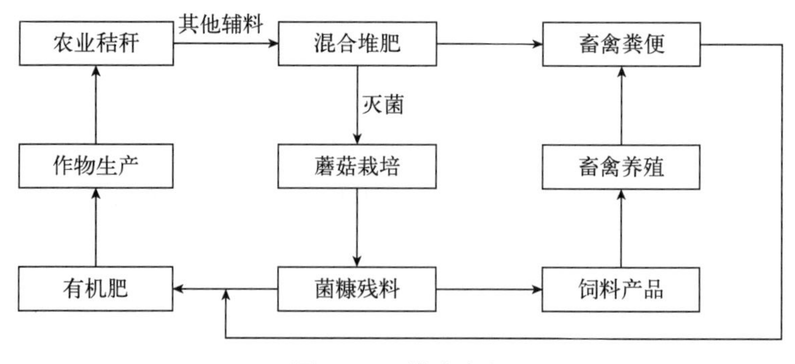

图 6－23　模式流程

2. 模式实景（图 6－24）

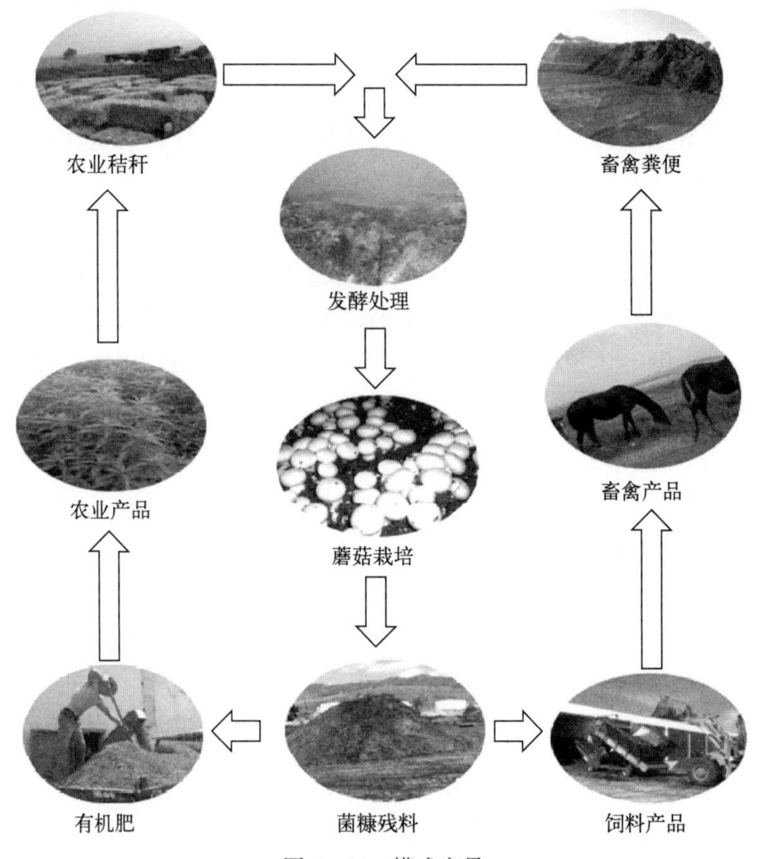

图 6－24　模式实景

（三）配套措施

1. 技术体系

（1）技术要点。通过建立完善的农作物秸秆收贮体系与养殖粪污收集系统，保证原料数量与质量稳定，严格按照标准对各种原料进行科学合理配伍，并依据原料特性，添加其他辅料，如稻糠、麦麸等，采用机械翻堆的条垛式与槽式堆肥工艺，按照标准化操作程序，进行初次堆肥，运用河北大学发明的“新型双孢菇基料发酵隧道的建造与应用技术”，进行二次隧道堆腐。本模式所运用的科技成果在全国各省推广应用取得良好效果，解决了蘑菇基料大规模二次发酵高耗能、低效率的难题，同时为众多企业节省了进口隧道所需的大量外汇资金，加快了我国蘑菇产业的升级换代，此外，本项技术在生产过程中采用优化技术，提高能源利用效率，实现生产过程节能降耗。技术的先进性概括如下：

① 节能环保。传统的蒸汽发酵耗煤约 3 千克/米^2，煤灶冒烟 6～7 天，排放大量 CO_2 和 SO_2 污染大气，造成种菇环境脏、乱、差，菇农因为制备培养料的劳动强度大、效益差而转行。

建设一次、二次发酵隧道 50 条，年产高质量蘑菇培养料 12 万吨，可供种植双孢蘑菇基料 120 万米^2，采用隧道发酵不必在菇房（菇棚）中进行高温高湿巴氏杀菌，节能降耗，比传统的蒸汽发酵节约煤炭 3 600 吨，同时减少大量 CO_2 和 SO_2 的排放，节能环保效益显著。

② 单产提高。在现代双孢蘑菇生产中，最关键、最核心的高产技术是双孢蘑菇培养料的隧道发酵技术，经隧道发酵产出的高质量培养料，选择性强、抗病害，为双孢蘑菇高产奠定了物质基础，普通菇棚单产由 7～8 千克/米^2 提高到 15 千克/米^2；空调菇房单产 25 千克/米^2。

③ 效率提升。采用隧道发酵技术，可将双孢蘑菇生产由一区制改进为二区制或三区制，空调菇房周年栽培 6 次，大大提高生产效率。

④ 环保效益。双孢蘑菇生产转化利用大量秸秆、畜禽粪，出菇后的残料有机质含量高达 48%，含氮量为 1.5%，相当于牛粪的含氮量，成为优质有机肥料，用于肥田增产粮、果、菜，形成良性生态循环生产，不但提高了经济效益，更有利于保护环境。

隧道式堆肥工艺进行二次堆肥熟化与灭菌，装袋，发放给农户，同时提供经扩繁的双孢菇菌种，农民按公司制订的栽培技术规程，进行食用菌栽培，公司采用收购方式或给农民提供销售市场信息，保证所栽培食用菌能及时销售，对农户食用菌栽培后产生的菌渣，公司统一回收，筛分后，将蘑菇残菌体灭菌处理，作为动物饲料，对筛下部分进行有机肥料加工，以生产有机肥料，实现废弃物再利用。

（2）核心技术。包括河北大学发明的新型双孢菇基料发酵隧道的建造与应用技术，标准化商品化的双孢菇基料制备技术。执行标准：ISO 9001—2000 质量管理体质、HACCP 食品安全控制管理体系、《食用菌栽培基质质量安全要求》（NY/T 1935—2010）、《无公害食品　食用菌栽培基质安全技术要求》（NY 5099—2002）、《双孢菇》（NY/T 224—1994）、《无公害双孢蘑菇》（NY 5097—2002）等。

（3）配套技术。菌渣堆腐制备有机肥料，肥料质量按《有机-无机复混肥料》（GB 18877—2009）或行业《有机肥料》（NY 525—2012）标准，技术操作要求按《畜禽养殖业污染防治技术规范》HJ/T 81—2001 标准。

2. 政策措施

《河北国民经济和社会发展“十二五”规划纲要》中提出：“坚持用工业理念抓农业，健全龙头企业与农户的利益联结机制，发展各类专业合作经济组织，提高农业的组织化程度。促进农业生产的专业化、标准化、基地化和规模化，着力培育壮大一批优势产业、名牌产品和龙头企业，大力发展农产品深加工，形成具有河北特色和比较优势的农产品深加工产业链，提高农业竞争力。”

赤城县十分重视本地的农业产业化的发展。当地政府坚持用抓工业的理念发展现代农业，按照高产、优质、高效的要求，积极调整农业产业结构，加快特色农产品基地建设，提高农业产业化水平的实施，奠定了发展基础。县政府各相关部门积极贯彻落实《河北省人大常委会关于促进农作物秸秆综合利用和禁止露天焚烧的决定》要求，国土部门积极推进秸秆收集储运利用项目建设，将秸秆收集储存用地纳入农业用地管理，赤城县税务局在增值税和企业所得税方面全面落实有关扶持政策：一是利用农作物秸秆生产的纸浆、秸秆浆和纸，退税比例为50%。二是利用农作物秸秆生产的纤维板、刨花板、细木工板、生物炭、活性炭等，退税比例为70%。三是利用农作物秸秆生产的生物质压块、沼气等燃料，以及电力、热力，退税比例为100%。四是企业综合利用资源，生产符合国家产业政策规定的产品所取得的收入，可以在计算应纳税所得额时减计收入。五是企业以《资源综合利用企业所得税优惠目录》规定的资源作为主要原材料，生产目录内符合国家或行业相关标准的产品取得的收入，在计算应纳税所得额时，减按90%计入当年收入总额。六是以农作物秸秆及壳皮等原料生产电力等产品实行减按90%计入企业所得税收入总额。

3. 运行机制

赤城县农牧局鼓励企业通过技术联盟、项目合作等方式引进和消化吸收国内外先进技术，完善农民科技培训体系，持续开展农业科技培训、农民技能培训，提高农民群众对现代农业产业的认识、专业知识、作业技能和管理能力。整合农业信息网络资源，全面、及时、准确、免费向农民传递市场预测、生产技术等最新动态信息。依托县、乡两级农业技术推广机构，促进农业新技术、新成果在农业生产末端的应用和熟化，提升科技对农业增产增效的贡献。

河北康绿达生物科技股份有限公司与北京市农林科学院蔬菜研究中心、河北农业大学、河北北方学院农林科技学院签订了技术指导合作协议和教学培训基地，对种植生产技术进行全程技术服务。同时，按照《中华人民共和国公司法》要求建立了现代企业制度，股东会、董事会、监事会、经理层组织机构建设完善，分工明确。完善了各项产权、生产、质检、销售、财务、人事管理制度。企业管理团队设置合理，管理团队成员由管理专家和技术专家组成。

项目建设中，制定严格的组织管理措施，联合组成的项目建设领导小组，负责实施统一协调调度工作。河北康绿达生物科技股份有限公司负责实施全部秸秆基料化建设内容，其中土建工程由项目企业委托资质单位进行预算和施工，设备由项目企业按实际需求自行选购，赤城县农牧局负责工程督导，项目竣工后，由农牧、财政、审计、监理等部门联合验收，实行先建后补。

（四）应用推广情况

该项目模式推广辐射云洲、独石口两个乡镇41个行政村，涉及耕地面积42 855亩。模式运行后，每年以优惠价为周边种菇户提供二次发酵双孢菇基料6 750吨，可直接带动135户农户种植双孢菇（每户1栋3分地菇棚，出菇面积500米^2）67 500米^2，户均年收益可达3万元，合计增收405万元。年消纳秸秆、牛粪、胡麻饼等农业废弃物近2万吨，秸秆、牛粪、胡麻饼平均以每吨345元的价格被收购，优先从当地农户收购，实现变废为宝，促进农民增收420多万元，新增就业人员70人，优先选择当地农民工就业，年度工资总额200万元。同时通过辐射带动，全县年农作物秸秆基料化利用率达到13%，利用量达到2.6万吨。

（五）适宜地区

该模式在全国各地均可以推广应用。

八、秸秆消纳养殖粪污及资源化模式

（一）模式简介

该模式包含“吸附—堆肥”和“圈外发酵床”两种方式。“吸附—堆肥”方式是将畜禽养殖粪便与污水，以一定比例混合或浸泡、喷淋在秸秆上，再将吸附了畜禽粪污的秸秆进行堆肥处理并加以肥料化利用。“圈外发酵床”方式是在畜禽圈舍外建立专门发酵床（简易堆肥）设施，秸秆与木屑混合放置在发酵床中，将畜禽粪污泼洒在秸秆木屑床体上，通过定期翻动促进粪污在秸秆木屑床体上快速降解与脱水，秸秆材料也同时发生缓慢降解作用，最终形成高度减量化的腐熟有机肥料。两种方式共同点是：①涉及农作物秸秆和粪污两类废弃物处置与利用；②可将液态粪污部分转变为固废加以处理；③处理产物全量肥料化利用。本模式的推广应用，不仅有助于解决农作物秸秆与畜禽粪便资源化利用问题，还可以实现规模养殖场废水零排放。该模式以江苏省如东县为代表。

（二）模式流程

模式流程见图6-25。

（三）配套措施

1. 技术体系

（1）工艺流程技术要点。本模式有“吸附—堆肥”和“圈外发酵床”两种工艺形

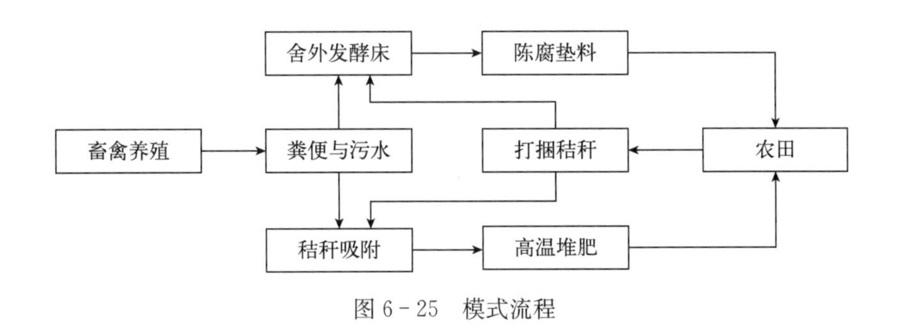

图 6-25　模式流程

式，经营者可以综合考虑实施地秸秆供应、处置场地、产物出路等因素，予以选择实施。两种工艺流程的要点如下：

①“吸附—堆肥”工艺方式由江苏省农业科学院提出并研发，具体方法为：采用机械打捆方法，收集农作物秸秆，避雨保存。收集养殖场粪便和污水，并对污水采用简单的沉淀法进行固液分离。将打捆秸秆放入经过固液分离的污水中，进行浸泡处理。待秸秆捆吸足水分后转移至堆肥场地，拆捆堆制成条垛式，堆垛下方安装鼓风曝气系统，上方安置污水喷淋系统。通过鼓风曝气及好氧堆肥发酵，蒸发水分，当秸秆水分降至 50%以下时，利用喷淋系统从堆垛上方喷淋污水，使堆垛水分含量维持在 50%～60%。其间，每间隔 5 天用抓草机翻堆一次。秸秆堆肥 20 天以后，用破碎机对秸秆进行破碎，并风干至水分含量为 30%～40%。将风干物料与粪便混合，堆成条垛进行二次高温发酵，物料水分含量控制在 60%～65%，发酵温度控制在≤70 ℃，高温发酵时间 10～15 天。发酵结束后，物料转移至静态堆肥场地，进行后续静态后熟堆肥，堆肥时间 30～45 天。静态堆肥结束后，物料可以直接还田，也可以根据需要制作成商品有机肥、生物有机肥或育苗基质等产品。

②“圈外发酵床”工艺由如东县提出并进行了技术集成与应用，具体方法为：依据地形条件，在紧邻养殖场蓄粪池建设发酵床（无规格要求），发酵床占地面积按每头猪占 0.5～0.7 米^2 测算。发酵床地基要高于平面 10 厘米以上，顶棚可以为彩钢瓦、石棉瓦或塑料大棚。发酵床底部先铺 50～80 厘米厚的打捆稻秸、麦秸或玉米秸与木屑，每天或 2～3 天加一次粪污，及时翻堆。更换下来的陈腐垫料，经过 10～20 天高温堆肥后，可直接作为有机肥料还田或用于制作有机类肥料。

（2）配套技术。主要包括农作物秸秆打捆收集与储存技术、有机废弃物堆肥发酵技术、有机物料除臭腐熟剂接种技术、抗病促生功能菌接种技术、有机肥与基质制作技术。对于“吸附—堆肥”工艺，还包括秸秆粪水浸泡、喷淋技术；对于“圈外发酵床”工艺，还包括发酵床管理技术。“吸附—堆肥”工艺应更多地采取如强制通风或机械翻堆技术措施，将秸秆堆肥温度尽可能控制在 42～45 ℃范围内，提高水分蒸发散失速率，增加秸秆消纳粪水能力。其废弃物处置过程均应遵照《畜禽粪便无害化处理技术规范》（NY/T 1168—2006）、《畜禽养殖业污染防治技术规范》（HJ/T 81—2001）及《畜禽养殖业污染物排放标准》（GB 18596—2001）。处理产物用于直接还田，应符合《粪便无害化卫生标准》（GB 7959），若用于制作商品有机类肥料，还应符合《有机肥料》（NY 525—2012）、《有机-无机复混肥料》（GB 18877—2009）或《生物有机肥》（NY 884—2012）。

（3）配套设备。本模式可依据规模及其他现实条件，选择国外进口或国产方捆捡拾打捆机、抓草机、装载机、条垛翻堆机及有机肥加工设备。秸秆污水喷淋装置为非标产品，可定制或购置污水泵、水管及喷头等材料自制；发酵床垫料抛翻机，可采用小型旋耕机或自制。

2. 政策措施

目前，均采用项目资金的方式，予以支持。未来需要建立常态化鼓励与扶持政策，例如对“吸附—堆肥”工艺，工程建设费用给予50%的财政资金补贴，运行费按消纳秸秆量给予每吨200～300元财政补贴。对于“圈外发酵床”工艺，工程建设费用的30%由财政资金补贴，运行费按每饲养1头猪单位给予8～10元财政补贴。

3. 运行机制

为积极推动技术政策落实，保证模式长效稳定运行，应按照“谁污染、谁治理、谁管护”的污染治理原则，建立“政府主导、企业实施、部门与科研机构指导、社会参与”长效运行管理机制。鼓励和倡导养殖企业自行建设与管理，运用市场化手段实行第三方工程建设与运行管护，接受政府和社会的监督。鼓励科研机构，以有偿服务方式为企业提供新的技术与服务，提升模式运行的技术含金量，降低运行成本、提高运行效率和产物附加值，提升工程经济、环境与社会效益，促进模式长效稳定运行。

（四）应用推广情况

目前，该模式的两种工艺均在江苏省得到一定程度的推广和使用。其中，“吸附—堆肥”工艺主要被畜禽粪便处理中心所采用；“圈外发酵床”被规模养殖场所采用，已在如东得到大面积推广应用。

1. 经济效益

以万头猪场为例，采用“吸附—堆肥”工艺，工程总投资200万～250万元，年运行费用229万元，可生产商品有机肥及基质、土壤改良剂产品约7 000吨，产值约280万元，年盈利额约为51万元。若采用“圈外发酵床”工艺，工程建设用地约4 000米^2，工程投资200万～250万元，年运行费用（秸秆120吨3万元、水电费20万元、人员工资6万元、维修费用3万元、固定资产折旧25万元和管理费6万元）63万元，可产出有机肥约160万吨，产值6.4万元，在政府补贴前提下，可正常运行。因此，项目经济效益显著。

2. 生态效益

该技术模式实现了秸秆和畜禽粪污两种废弃物一并处理与资源化利用，废弃物中碳、氮、磷、钾养分绝大部分（“圈外发酵床”工艺中的碳和氮素除外）可以归还农田，最大限度地实现了废弃物养分在农业系统内部的循环利用。同时，该模式实现了养殖废水趋零排放，还为秸秆规模化循环利用提供了一条便捷的途径，生态与环境效益显著。

3. 社会效益

该模式成本低、效率高，有利于提升规模畜禽养殖业主对治污工程投资积极性和主动性。工程的实施，有利于拉动社会投资及增加就业，有利于促进秸秆和畜禽粪污综合利用，有利于促进种植业与养殖业协同发展，有利推动农业废弃物处置观念更新和技术进步。因此，该模式的推广与应用具有显著的社会效益。

（五）适宜地区

该模式对区域气温要求不严格对于具备土地条件和秸秆木屑资源的地区均可采用。

“吸附—堆肥”实物见图 6－26。

“圈外发酵床”实物见图 6－27。

图 6－26 “吸附—堆肥”实物

图 6－27 “圈外发酵床”实物

九、秸秆与养殖场废弃物干湿结合制沼、制肥多级利用模式

（一）模式简介

由政府主导并推动将县域范围内的畜禽粪便、病死畜禽及秸秆按区域化集中收集，由第三方企业牵头，采用病死畜禽高温化制、粪污多级湿式发酵、沼渣与秸秆混

合干式厌氧发酵、沼气提纯、沼液浓缩、沼渣堆肥等专业化技术，进行无害化处理，并实现其资源化、商品化、产业化。该模式以山东启阳清能生物能源公司为代表。

（二）模式流程

模式流程（图 6－28）

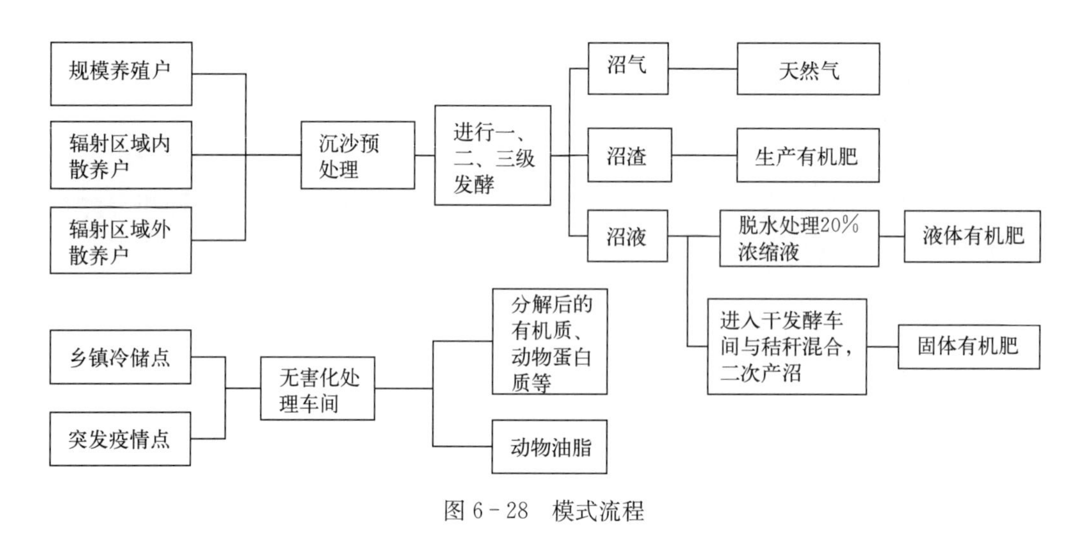

图 6－28　模式流程

（三）配套措施

1. 技术体系

（1）该模式流程技术要点。畜禽粪污经过格栅，去除石块、塑料等杂质进入调节池，病死畜禽经高温化制、油脂分离后残余物进入调节池，两种物料经搅拌后，进入三级串联厌氧发酵系统，从第三级发酵罐排出的沼液、沼渣经固液分离后，沼液进入膜分离系统进行浓缩，沼渣与秸秆混合进入车库式厌氧发酵系统，发酵结束后，其残渣进行高温堆肥处理，生产有机肥料。由干式与湿式厌氧发酵罐产出的沼气，经脱水脱硫后进入提纯系统，提纯后成为生物天然气，作为民用或车用燃料。

（2）核心技术。梯级厌氧发酵技术，采用三级串联发酵工艺，即物料预处理后进入一级发酵罐，上部设液位自动排放阀，通过压差进入二次发酵罐，再进入三级发酵罐，同时，在发酵罐采用环形布料、立式加热、回流搅拌、气体加压搅拌等方法，且在罐体内还增设了自动破壳器、破壳刀（利用上料时的气压）、微泡分布器等，微泡分布器的作用是向罐内注入氢气，利用食氢产甲烷菌将 CO_2 转化为甲烷，减少了 CO_2 的产出，提高了沼气中的甲烷含量，极大地提高了厌氧发酵产气效率。

（3）配套技术。病死畜禽高温汽化技术与装备，将整车动物尸体放入预碎机破碎后，通过密闭螺旋输送机直接送入罐内处理，通过高温汽化，分解动物尸体，并使油脂分离，得到肉骨渣，处理过程无人操作，可远程操作，智能化程度高。沼渣与秸秆混合车库式干发酵，一方面沼渣可作为接种物利用，另一方面将沼渣再次厌氧发酵，可实现沼渣的多级、梯级利用，减少沼渣数量。沼液浓缩技术，采用膜浓缩技术，将沼渣浓缩5倍以上，使沼液肥料商品化，同时，可减轻沼液消纳的压力。

（4）配套装备。包括CSTR厌氧发酵罐、沼气提纯装备、病死畜禽高温汽化装备、沼液膜浓缩装置、车库式发酵装置、沼渣堆肥装备以及秸秆与养殖场废弃物运输车辆等。

2. 政策措施

政府主导，构建养殖粪污、病死畜禽及农作物秸秆三大收集体系，积极落实用地、用电、税收以及废弃物道路运输等优惠政策，鼓励社会资本或经纪人积极参与，强化宣传力度，提高广大种植业、养殖业者环境保护意识，积极参与物料收集与转运，提高有机肥利用、转化比例。

3. 运行机制

采取“政府推动、企业运作”模式，在区域内建立了粪污集中收集体系、病死畜禽集中收集体系及农作物秸秆集中收集体系，确保全区域覆盖。粪污集中收集体系，在养殖场（户）按照标准建设三级沉淀池，乡镇（街道）按照区域养殖总量建设临时储存点。病死畜禽集中收集体系，在乡镇（街道）兽医站建设病死畜禽暂存点，养殖场将病死畜禽消毒封闭运送至暂存点暂存，与此同时，由基层兽医站、保险公司、无害化处理厂、检疫执法人员组成病死畜禽处理小组，负责病死畜禽的核实、赔付工作。农作物秸秆集中收集体系，政府出台秸秆收集的政策，实行定点收集与临时贮存。企业采用大型密闭运输车将沉淀池、储存点的粪便运送到无害化处理厂。配备专用运输车，按照病死畜禽无害化工作流程，每天将各暂存点的病死畜禽运输至无害化处理中心，突发疫情时，企业直接从养殖场将病死畜禽运送至集中处理中心。秸秆由各收贮点将秸秆送至企业，或企业自行负责将秸秆从临时储存点转运至处理中心。

（四）应用推广情况

已初步构建了完整的农业废弃物三大收集体系，配备了粪污与病死畜禽专用运输车辆，租用了处理中心周边10个分散秸秆收集存储点，每个点建设了30米×50米＝1 500米^{2}钢结构大棚，配备14台秸秆粉碎设备，完全可保障4个月连续运行所需秸秆原料仓储。同时，建设完成了厌氧发酵、沼气提纯、沼液浓缩系统。年可综合处理养殖废弃物40万吨、秸秆30万吨，年产有机肥30万吨，日产沼气量20万米^3，日产天然气12万米^3，项目年产值可达3.12亿元，利税4 500万元。该模式已向临沂市大面积推广。

（五）适宜地区

该模式适宜在全国大部分种养业发达区域推广。

发酵罐区见图6-29，车库式干发酵内部结构见图6-30，沼气提纯天然气装置区见图6-31。

图6-29　发酵罐区

图6-30　车库式干发酵内部结构

图6-31　沼气提纯天然气装置区

十、农业废弃物肥料化利用“公司+合作社+农户”运营模式

（一）模式简介

该模式是一种区域农业废弃物循环利用模式，将县辖区内果树枝条、菌包菌棒、玉米秸秆、家禽粪便、果汁废渣、沼气发酵剩余沼渣沼液等农业种、养、加工生产的废弃物采用分散布点、统一回收、就地加工、就地利用的方式，通过高温好氧堆肥腐熟与无害化处理，由第三方企业提供资金、技术与标准、运营管理，以当地精准扶贫户、困难户、残疾人等人员为主体组成专业合作社开展合作，最终实现农业废弃物利用、精准扶贫与农业面源污染防控等多重效益并举，并且实现可持续发展的目标。该

模式以山西吉县为代表，由山西润年同创农业技术开发有限公司组建吉县光彩有机肥加工专业合作社。

（二）模式流程

1. 模式流程（图 6－32）

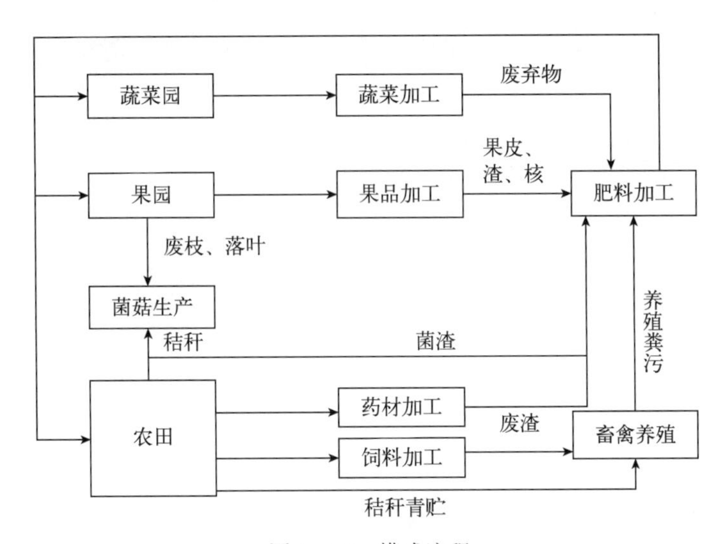

图 6－32 模式流程

2. 模式实景（图 6－33）

（三）配套措施

1. 技术体系

模式流程技术要点。通过就地回收，就地加工的方法，将各有机固体废弃物收集，依据废弃物的特性，进行必要的粉碎或切碎预处理，按一定比例进行混合，接种高温腐熟复合菌剂，在露天条件下，采用条垛式工艺进行高温好氧堆肥，堆肥产品以兑换农业废弃物和废旧农膜的形式就地回到农田施用。

该模式使用台湾高温堆肥腐熟复合菌剂，以高温好氧堆肥为核心技术，加快堆肥腐熟进程，堆肥产品粪便无害化标准，所生产肥料应符合《有机-无机复混肥料》（GB 18877—2009）或行业《有机肥料》（NY 525—2012）标准。

2. 政策措施

县政府将有机肥基地建设列入全县“十三五”规划中的重点项目，保证了项目顺利推进与实施。乡政府积极主导并推动当地农业废弃物收集体系的建立与运行，特别是农作物秸秆与分散式养殖粪污收集，建立了相应工作机制与责任制，为企业运营提供组织、收费与运输等便利。

回收苹果树枝、畜禽粪便、秸秆等农业废弃物

将苹果树枝、菌包、菌棒、秸秆等农业废弃物进行粉碎　　将畜禽粪便同粉碎的果树枝或秸秆混合

混合过程中喷洒发酵菌　　翻堆　　发酵

每隔7天对其进行翻堆　　实时监测温度　　高温好氧发酵

腐熟后装车还田　　沟施有机肥　　沟施覆土

图 6-33　模式实景

3. 运行机制

目前，已分别在吉县区域内所属的吉昌镇、壶口镇、屯里镇、中垛乡、东城乡、柏山寺乡、车城乡、文城乡 8 个乡镇建设了堆肥场，通过在果园或养殖较为集中的区域建设堆肥基地，实现各类农业废弃物循环利用，并通过积极与各地合作社合作，吸纳精准扶贫户、困难户、残疾人加入合作社，合作社收取加工费，年底通过政府部门监督将利润按照比例再分配，从而带动扶贫户就业和脱贫。争取在 2020 年，农村农业废弃物处理达到 80%以上。

（四）应用推广情况

目前，模式中的果树残余物堆肥技术与农田施用技术，已在吉县中垛乡、柏山寺乡、东城乡、吉昌镇 4 个乡镇大面积推广，示范户 200 余户，示范面积达千亩。技术应用示范户每亩肥料投资由 2 200 元减少到 1 500 元左右，且可少打、不打农药，不用化肥，真正达到无公害生产标准。农民在示范和推广的同时，积极倡导并带动周围居民保护环境，提高了农民农业废弃物再利用的意识，每个人都在为建设美丽乡村而辛勤付出、做出贡献，农村面貌焕然一新。

（五）适宜地区

该模式在选择堆肥工艺时，要根据因地制宜的原则，依据当地气候以及人口居住密度、经济社会展水平等条件，选择适宜的工艺技术，既满足农业废弃物处理与资源化要求，也要注重环境友好、社会和谐，适合在全国各地推广。

十一、“秸秆—饲料—燃料”多级循环利用模式

（一）模式简介

一直以来，农作物秸秆在西藏高原属于稀缺资源，存在“饲料、燃料、肥料”的“三料”矛盾，农作物秸秆深受群众喜爱，大多数秸秆都会作为牲畜的饲料进行利用，在长期的生产生活中，高原农牧民群众总结了一套较为成熟且实用的秸秆循环利用模式，即：“秸秆—饲料—燃料”循环利用模式，秸秆作为牛、羊等牲畜饲料，牲畜产生粪便，粪便制作做成粪饼作为燃料，供农牧民取暖和生活用能，炉灰再当作肥料。该模式不仅充分利用秸秆，有效解决了粪便污染问题，还可以为农牧民提供取暖和炊事用能，具有较好的经济效益、社会效益和生态效益。

（二）模式流程

模式流程（图 6－34）

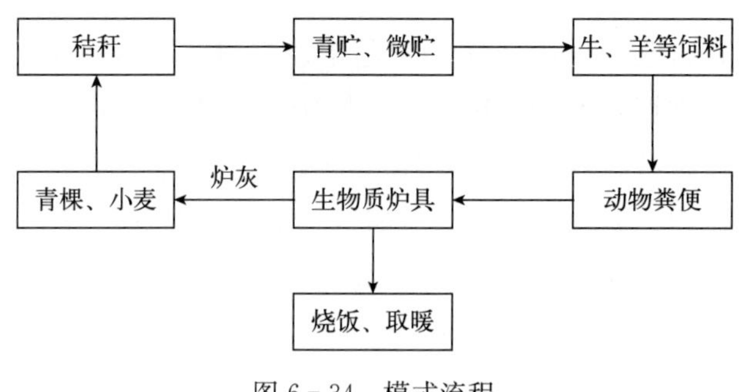

图 6-34　模式流程

（三）配套措施

1. 技术体系

流程技术要点：该模式利用当地秸秆，进行青贮或微贮，以提高秸秆消化率与减少秸秆贮存过程中的损失，青贮或微贮后的秸秆作为食草动物的粗饲料。经饲喂消化排泄产生的粪便，直接风干，或人工制作成圆形饼状，然后风干、贮存，作为燃料，燃烧后形成的炉灰收集后，再回用到农田，实现秸秆资源多级利用。

核心技术：秸秆青贮、微贮技术，利用微生物手段，对鲜绿的作物秸秆进行有效贮存，一方面可以改善贮存秸秆的风味，提高饲料的适口性，增加草食动物的采食量，另一方面，有效保存鲜绿秸秆本身的营养价值，且贮存中微生物将部分木质纤维物质转化为可消化糖类，以提高秸秆营养价值与消化率。

配套技术：粪便经添加秸秆等助燃物，由人工制作成型后，采用镂空码砌风干。生物质炉具技术，使热效率提高 80%以上，节能 50%左右。

配套设备：秸秆捡拾打捆机、高效生物质炉具。

2. 政策措施

当地政府采取积极鼓励政策，以项目带动方式配套解决资金，用于秸秆微贮窖建设以及高效生物质炉具的推广应用。

3. 运行机制

通过示范与技术培训、项目资金支持，引导农牧民采用新技术与新装备，推广应用“秸秆—饲料—燃料”多级循环利用模式。

（四）应用推广情况

该模式是高原农牧民群众经过多年的实践经验总结形成的，既解决了牲畜的饲料问题，又能满足人们日常生活用能，在藏区得到了最为广泛应用。近年来，在国家项目的大力支持下，重点在曲水、达孜、乃东、扎囊、白朗等 12 个秸秆产量大县开展秸秆微贮窖建设项目，建设青贮玉米基地 18 000 亩，购置打捆机 120 台，购置玉米收割机 47 台，建设秸秆微贮窖 524 座，配置秸秆粉碎机 640 台，配套秸秆压块场地 24 处，争取中央预算内预算投资 2 300 万元。同时，引进了河南省方正炉具有限公司生产的高效生物质炉具 4 台，在那曲市班戈县新吉乡进行试验示范，取得了良好效果。目前，该模式在藏区广泛推广应用，形成了众多秸秆循环利用的典型村。

（五）适宜地区

该模式经过长期的生产实践检验，基本不受气候环境影响，适宜在西藏以及其他牧区推广应用。

十二、棉秸生物转化饲料与制肥产业化利用模式

（一）模式简介

该模式通过生物加工技术，将棉花秸秆转化为适口性好、消化率高的食草动物饲料，同时，利用动物粪便与秸秆混合堆肥，生产有机肥料，实现了种养结合、废弃物循环利用。该模式种养结合特色鲜明，适合在棉区推广应用。该模式以新疆尉犁县为代表。

（二）模式流程

模式流程见图 6 - 35。

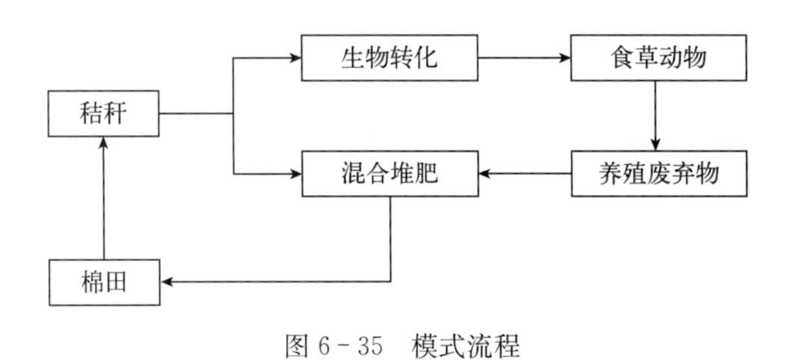

图 6 - 35　模式流程

（三）配套措施

1. 技术体系

棉花秸秆生物转化饲料技术。采用微生物发酵与酶转化技术有效破除棉花秸秆中抗营养因子，降低了棉花秸秆中粗纤维含量，提高了其饲料转化率，同时选用具有益生作用的微生物菌株与发酵中产生的大量菌体蛋白，提高了饲料中的蛋白质水平，尤

其是提高了可吸收蛋白水平，显著提升了饲料营养价值；目前，通过生物转化能使棉花秸秆中游离棉酚的含量降低到100毫克/千克以下，此指标已超过美国饲料协会、欧洲饲料协会的限定标准，可满足最为苛刻羔羊饲料使用要求，其综合营养价值评价可达到紫花苜蓿的营养价值。现已研发出牛羊育肥前期全价颗粒饲料，牛羊育肥后期全价颗粒饲料，牛羊空怀期、怀孕前期全价颗粒饲料，牛羊怀孕后期全价颗粒饲料，犊牛、羔羊期全价颗粒饲料，种公牛、种公羊全价颗粒饲料6种新饲料，并通过了中试和试生产，取得饲料生产许可证，同时制定了企业标准《棉花秸秆配合颗粒饲料的秸秆原料收储标准》《棉花秸秆配合颗粒饲料的秸秆原料标准》《棉花秸秆的粉碎标准》《棉花秸秆粉输送标准》《秸秆发酵用微生物菌种生产标准》《菌种储存标准》《生物酵素的质量及储存标准》7项，确保了产品生产质量，同时还制定了地方标准《育肥羊用棉秆配合颗粒饲料》《空怀期母羊用棉秆配合颗粒饲料》《妊娠期母羊用棉秆配合颗粒饲料》《放牧期补饲羊用棉秆配合颗粒饲料》《越冬期羊用棉秆配合颗粒饲料》《棉花秸秆生物有机肥标准》6项，还形成《饲料原料——发酵棉花秸秆》行业标准1项。

配套技术：秸秆与动物粪污混合堆肥技术，其堆肥操作按照《畜禽养殖业污染防治技术规范》（HJ/T 81—2001）标准执行，堆肥产品达到《有机-无机复混肥料》（GB 18877—2009）标准或《有机肥料》（NY 525—2012）行业标准要求。

2. 政策措施

通过地方政府政策资金支持，采取奖补或合同等方式，支持棉花秸秆利用及以机收捡拾打捆为重点的棉花秸秆收储运体系建设，具体如下：

（1）设立秸秆综合利用基金，采取股权投入等方式，支持秸秆综合利用产业化项目建设。

（2）设立秸秆饲料化产业扶持资金，对棉花秸秆利用企业进行专项扶持，包括基础设施建设、设备购置、产品研发进行专项资金资助，迅速实现产业化、规模化。

3. 运行机制

完全采用企业化方式进行运营，建立生物饲料、有机肥肥料科研研发基地和生产基地，建成生物发酵菌液扩培基地与有机肥生产骨干中型企业，同时，在南疆4个县市布点，建立小型生物饲料、有机肥生产企业。为加速技术推广应用，先期采用以下运营手段：①自办示范养殖场、自行改良厂区土壤；②免费饲喂、施肥；③价格优惠、强化产品售后服务等。同时，布局羊肉统一销售渠道，拟建立原料收购、养殖、饲料生产、羊只收购、羊肉分割、电商一体的新型运作模式。

（四）应用推广情况

目前，尉犁县相关企业已投入资金7 000万元，基本建成母公司生产基地，形成了每年制备10万吨生物饲料规模的原料堆放、秸秆前处理、微生物发酵、颗粒生产及附属配套建筑设施，配备了一条2.5万吨全价配合饲料生产线，同时建成了年产1万吨有机肥生产线。至2016年8月底，已生产生物饲料4 000吨（2015年1 000吨、2016年8月底3 000吨）、有机肥1 000吨。生物饲料已形成4个品种，销售区域已遍布巴州8县、喀什5县，正在向和田、吐鲁番布点。最终将在南疆建成年产30万吨生物饲料、18万吨有机肥的棉秆加工企业。项目达产后，可消化30万吨棉花秸秆，即消费120万亩棉田废弃棉秆，同时消化2万吨芦苇秆，2万吨甘草秆；可生产30万吨生物饲料、18万吨有机肥；可增加饲养60万只羊，施肥果园9万亩，同时减少化肥使用量3万吨；可增加农民纯收入72 000万元（其中，棉花秸秆收入9 600万元，其他秸秆收入2 400万元，羊只收入60 000万元）。

（五）适宜地区

该模式适宜全国不同棉区推广应用。

参 考 文 献

陈晓鸥，贾永全，王喜文，2007. 规模化畜禽养殖污染现状及防治对策 [J]. 中国畜牧兽医，34（5）：137-138.

董红敏，刘长春，2012. 粪污处理技术百问百答 [M]. 北京：中国农业出版社：14-20.

黄慧，牛冬杰，潘朝智，2010. 畜禽粪便脱水干燥技术的研究进展 [J]. 山西能源与节能，61（4）：48-52.

李俊卫，那蕊，陈冲，等，2016. 规模化猪场粪肥处理利用工艺 [J]. 中国猪业，11：55-58.

李瑜，白璐，姚慧敏，2009. 谈氧化塘法处理集约化畜禽养殖场污水 [J]. 现代农业科技（5）：248-253.

李志，杨军香，2013. 病死畜禽无害化处理主推技术 [M]. 北京：中国农业科学技术出版社.

刘明，黄荣，李明，等，2017. 畜禽粪污处理技术标准现状研究 [J]. 标准实践（12）：40-45.

王飞，李想，2015. 秸秆综合利用技术手册 [M]. 北京：中国农业出版社.

王倩，2007. 畜禽养殖业固体废弃物资源化及农用可行性研究 [D]. 济南：山东师范大学.

许文志，欧阳平，罗付香，等，2017. 中国畜禽粪污处理利用现状及对策探讨 [J]. 中国农学通报，33（23）：106-112.

薛颖昊，曹肆林，徐志宇，等，2017. 地膜残留污染防控技术现状及发展趋势 [J]. 农业环境科学学报，36（8）：1595-1600.

严昌荣，何文清，刘爽，等，2015. 中国地膜覆盖及残留污染防控 [M]. 北京：科学出版社.

张庆东，耿如林，戴晔，2013. 规模化猪场清粪工艺比选分析 [J]. 中国畜牧兽医，40（2）：232-235.

张淑芬，2016. 畜禽粪便饲料化生产利用技术 [J]. 饲料研究（17）：48-50.

朱丽梅，2017. 畜禽粪便堆肥技术研究 [J]. 河南农业，14（14）：33.

祝其丽，李清，胡启春，等，2011. 猪场清粪方式调查与沼气工程适用性分析 [J]. 中国沼气，29（1）：26-28.

图书在版编目（CIP）数据

农业废弃物处理利用技术概要及典型模式 / 王久臣等主编 .—北京：中国农业出版社，2021.5
（农业生态环境保护系列丛书）
ISBN 978-7-109-28071-7

Ⅰ.①农… Ⅱ.①王… Ⅲ.①农业废物—废物处理—研究②农业废物—废物综合利用—研究 Ⅳ.①X71

中国版本图书馆 CIP 数据核字（2021）第 053266 号

中国农业出版社出版
地址：北京市朝阳区麦子店街 18 号楼
邮编：100125
责任编辑：郑　君　　文字编辑：徐志平
版式设计：杜　然　　责任校对：沙凯霖
印刷：中农印务有限公司
版次：2021 年 5 月第 1 版
印次：2021 年 5 月北京第 1 次印刷
发行：新华书店北京发行所
开本：787mm×1092mm　1/16
印张：9.25
字数：186 千字
定价：59.00 元
